検証 NHK受信料を斬る

憲法29条
VS
受信料＆
最高裁判決

峰 荘太郎

東京図書出版

検証　ＮＨＫ受信料を斬る
憲法29条VS受信料＆最高裁判決

憲法29条に目線を置き、ＮＨＫの受信料・受信規約及び平成29年12月６日最高裁判所大法廷が出した判決（平成26年〈オ〉第１１３０号、平成26年〈受〉第１４４０号・第１４４１号・受信契約締結承諾等請求事件〈以下「平成29年最高裁判決」と記述〉）を検証し、以下ＮＨＫの受信料・受信規約を斬ります。

※引用部分の注、傍線、太字は引用者による。

検証　NHK受信料を斬る☑目次

第一章　序章（検証するにあたって）

第1　受信料への疑問

私が、ＮＨＫ（日本放送協会）が徴収・使用する放送受信料（以下「受信料」と記述）に疑問を持ったのが平成27年2月のことでした。その日、ＮＨＫ職員が私の職場を訪れ、「受信料を公平に負担して頂くために……」と称して、受信料の増額契約（年１５０万円増の契約）について強い要求をしてきたのです。それまでは家庭料金で年間1万４０００円程度の受信料でしたから、「ＮＨＫは見ているし、この程度であれば当然かな……」、といった軽い気持ちで、**契約書を受領することもなく**何の抵抗もなしに支払っていました。

しかし、ＮＨＫ職員と交渉する間に、「受信料は、ＮＨＫの放送を視聴しなくとも支払っていただきます」とＮＨＫ職員が主張するため、こんな無茶な話が許されるものではない、との考えに至り、その後数回、ＮＨＫと面談や電話、文書にて交渉し、以後見解の相違からＮＨＫのテレビ放送を視聴しないようにしました。

それで、以後の交渉においては、「NHKのテレビ放送は視聴していない。よって、NHKが受信料を徴収・使用することは憲法29条に反する。」と反論し、受信料の徴収を拒否するとともに、NHKから送付してくる受信料請求書についても受領を拒否し、返送しました。ですが、NHK職員は、「放送法（以下「法」と記述）64条1項と日本放送協会放送受信規約（以下「受信規約」と記述）でそのようになっていますので……」との一点張りで、受信料請求書を送り続けてきたのです。

それで、これ以上NHK職員と交渉しても無駄であると考え、平成28年9月、当時居住していた担当営業所のNHK大阪南営業センター長を被告として、「日本放送協会（NHK）放送受信料の請求及び徴収の差止め並びに同協会放送受信規約の違憲、無効請求事件」と題して、大阪地方裁判所へ訴訟を提起しました。ですが、この裁判では、NHKが「訴える相手を間違えている。」として、訴訟を忌避したために私の請求は棄却されました。

それで、平成29年3月、同じ事件名にて、新たにNHK（代表者会長上田良一）を被告として大阪地方裁判所堺支部（以下「大阪地裁堺支部」と記述）へ訴訟を提起しました。ですが、この裁判の審理中であった平成29年12月6日最高裁判所（以下「最高裁」と記述）大法廷が、法64条1項が規定する**受信契約**に関する解釈について平成29年最高裁判決（インターネットで検索可能）を出したのです。そして、その判決の判示というのが「……放送法64条1項は、受信設備設置者に対し受信契約の締結を強制する旨を定めた規定であり（平成29年最高裁判決〈以下判決引用については「判決」と記述〉第2－1－〈2〉）、……」と判示し、法64条1項が規定する受信契約の締結に関する契約は強制の規定である、と判示したのです。

　ですが、当該判決は、NHKが放送するテレビジョン放送を受信することのできる衛星放送を受信するカラーテレビジョンを設置し、NHKのテレビジョン放送を無断で視聴していながらも、NHKと受信契約の締結をせずに、受信料の徴収を拒否していた被告（国民）に対する判決であり、NHKと受信契約を締結して、NHKのテレビ放送を視聴せずに受信料の徴収に応じない国民（被告）に対するものではありませんでした。

　つまり、当該判決は、法64条1項が「協会の放送を受信することのできる受信設備を設置した者は、協会とその放送の受信についての契約をしなければならない。ただし、……この限りでない。」と、規定している受信契約の締結に関する解釈について、NHKが「強制の規定である。」として訴訟に及んだのに対して、被告（国民）は任意の「訓示規定である。」と反論し、法64条1項が規定する受信契約が、強制の義務規定であるのか、任意の訓示規定であるのかといった点について争われていた事件について、平成29年最高裁判決は、NHKの主張を認め、受信契約の締結をせずに受信料の徴収に応じることなく、

ＮＨＫのテレビジョン放送を受信することのできる受信設備（衛星放送受信用カラーテレビジョン）を設置していた被告（国民）の事件に対して、「受信契約の締結を強制する旨を定めた規定であり、」と判示し、ＮＨＫの放送を受信することのできる受信設備を設置した者は、ＮＨＫの放送を視聴しなくとも受信契約を締結する必要がある、と判示し、ＮＨＫの放送を視聴しない者（国民）からでもＮＨＫが強制的に受信料を徴収・使用することについて「……憲法13条、21条、29条に違反するものではない（判決第2－2－〈4〉）……」とする判決をしたのです。

ですが、私は、ＮＨＫと受信契約を締結していながらもＮＨＫのテレビジョン放送を視聴しなくなったことから、「ＮＨＫと受信契約を締結しながらも、ＮＨＫのテレビジョン放送を視聴しない者からＮＨＫが受信料を徴収・使用すること及びＮＨＫと受信契約を締結し、ＮＨＫのテレビジョン放送を視聴しない国民から受信料を徴収・使用するとしているＮＨＫが策定している受信規約は、憲法29条に反し無効である。」と主張して訴訟に及んでいたのであり、平成29年最高裁判決の訴訟事件とは、その前提条件が全く異なっていたため最高裁まで上告したのですが、最高裁第二小法廷に受理されたものの令和元年6月14日同法廷の決定によって私の請求は棄却されました。棄却された詳細な理由は示されていませんでしたが、棄却された経過等については順次検証していきます。

なお、以下、テレビジョン放送をテレビ放送、NHKのテレビジョン放送をNHKのテレビ放送、NHKのテレビ放送・ラジオ放送・多重放送を総称してNHKの放送、民間テレビ放送を民放テレビ、テレビジョンをテレビ、スマートフォンをスマホ、カーナビゲーションをカーナビ、NHKのテレビ放送を受信することのできるテレビ・スマホ・カーナビ・携帯電話を総称して**テレビ等A**、NHKのテレビ放送を受信することのできるラジオをラジオA、NHKのテレビ放送を受信することのできる多重放送受信設備を多重受信機A、NHKのテレビ放送を**受信しない**テレビ・スマホ・カーナビ・携帯電話を総称して**テレビ等B**、NHKのテレビ放送を受信しないラジオをラジオB、NHKのテレビ放送を受信しない多重放送受信設備を多重受信機Bと記述し、検証します。

また、本書においては、規定や規制、受信契約や受信規約、契約条項、受信設備や受信機、受信や視聴等多くの類似語を使用しますので、その点誤読や誤解のないように願います。

また、同じ論理を繰り返し論述していますが、これも深く理解して頂くための検証であると理解して頂ければありがたく考えます。

第2　法64条1項が規定する受信設備と平成29年最高裁判決について

ところで、法64条1項が規定する受信設備について簡潔に検証（詳細は第二章第6において検証）すると、同条1項は、「協会の放送を受信することのできる受信設備を設置した者は、協会とその放送の受信についての契約をしなければならない。ただし、放送の受信を目的としない受信設備又はラジオ放送（音声その他の音響を送る放送であって、テレビジョン放送及び多重放送に該当しないものをいう。第百二十六条第一項において同じ。）若しくは多重放送に限り受信することのできる受信設備**のみ**を設置した者については、この限りでない。」と、規定しています。

それで、同条1項が規定する受信設備を検証すると、受信設備には、放送の受信を目的としない受信設備、テレビ放送を受信することのできる受信設備、ラジオ放送**のみ**を受信することのできる受信設備、多重放送**のみ**を受信することのできる多重放送受信設備が在りますが、同条1項が**規制**している受信設備の設置者（NHKと受信契約の締結を必要とする受信設備の設置者〈以下同じ〉）について検証すると、同条1項は、NHKのテレビ放送を受信することのできる受信設備（テレビ等A・ラジオA・多重受信機A）の設置者に限定した規定としており、加えて、NHKが策定している受信規約では、NHKのテレビ放送を受信することのできるテレビ等Aを受信機と言い換えて定義し、テレビ等Aの設置者に限り、適用する受信契約の契約条項としていますので、実質的に規制の対象となる受信設備の設置者は、テレビ等Aの設置者**のみ**ということになります。

それで、平成29年最高裁判決ですが、同条1項が規制する受信設備の設置者は、NHKのテレビ放送を受信することのできる受信設備（テレビ等A・ラジオA・多重受信機A）の設置者に限定した規定としているにもかかわらず、当該判決は、同条1項が規制する受信設備の設置者について、「……現実に原告（NHK）の放送を受信するか**否か**を問わず、受信設備を設置することにより原告の放送を受信することのできる環境にある者に広く公平に負担を求めることによって、原告が上記の者（受信設備設置者）ら全体により支えられる事業体であるべきことを示すものにほかならない（判決第2－1－〈1〉－ア）。」と判示しているのです。それで、当該判示を検証すると、当該判示は、「原告（NHK）の放送を受信するか否かを問わず、……」と判示し、NHKの放送を受信しない受信設備（テレビ等B・ラジオB・多重受信機B）の設置者であっても、NHKに対して受信料を負担する必要があるとする論述をしていることが検証できます。

つまり、平成29年最高裁判決は、同条1項が受信契約の締結を求めていない受信設備（テレビ等B、ラジオB、多重受信機B）の設置者であっても、受信料を広く公平に負担する必要がある、とする論述をしているのですが、このように判示する当該判決に矛盾があることは明白であります。つまり、当該判決は、同条1項が規定する受信設備について「原告の放送を受信することのできる受信設備（以下、単に「受信設備」ということがある。）（判決第1－1）」と判示し、当該受信設備を「ＮＨＫの放送を受信することのできる受信設備」としながらも、「原告（ＮＨＫ）の放送を受信するか否かを問わず、受信設備を設置することにより」と判示し、ＮＨＫの放送を受信しない受信設備の設置者であっても受信料を負担すべきである、とする論述をしているのですが、当該判示に矛盾があることは明白です。

第3　受信規約と受信契約に関する平成29年最高裁判決について

加えて、平成29年最高裁判決が、ＮＨＫが策定している受信規約（受信契約の基準となる契約条項）について、「……当事者たる原告が策定する放送受信規約によって定められることとなっている点は、問題となり得る（判決第２－１－〈1〉－ウ）。」と判示しながらも、「……法の目的を達成するのに必要かつ合理的な範囲内のものとして、憲法上許容されるというべきである（判決第２－２－〈3〉）。」と判示している論理についても疑問を感じるところです。

つまり、問題となり得る受信規約によって、ＮＨＫのテレビ放送を受信しない受信設備（テレビ等Ｂ）の設置者からでもＮＨＫが受信料を徴収・使用することについて、「……憲法13条、21条、29条に違反するものではない（判決第２－２－〈４〉）……」と判示しているのですが、如何様な理由によってもＮＨＫのテレビ放送を受信しない、ＮＨＫのテレビ放送を視聴し得ない受信設備の設置者からＮＨＫが受信料を徴収・使用することについては全く理解できるものではありません。

それに、当該判決は、受信契約を締結せずにＮＨＫのテレビ放送を無断で視聴していた被告（国民）に対する判決であり、受信契約を締結し、ＮＨＫのテレビ放送を視聴せずに、受信料の徴収・使用に応じない被告（国民）に対する判決ではありませんでした。

平成29年最高裁判決が、「……放送法64条1項は、受信設備設置者に対し受信契約の締結を強制する旨を定めた規定であり（判決第２－１－〈２〉）……」と判示し、法64条1項が規定する受信設備の設置者に対する受信契約の締結について、受信契約の締結を強制した規定である、と判示した論理については、その法的効力から当然であるにしても、ＮＨＫのテレビ放送を受信しない受信設備（テレビ等Ｂ・ラジオＢ・多重受信機Ｂ）の設置者にあってもＮＨＫとの受信契約の締結が必要である、とする判示の論理については、全く理解できるものではありません。

また、当該判決の訴訟事件が、ＮＨＫと受信契約の締結をせずに、ＮＨＫのテレビ放送を無断で視聴していた被告（国民）に対する事件であったにもかかわらず、ＮＨＫと受信契約の締結をした受信設備の設置者が、ＮＨＫのテレビ放送を視聴せず、受信料の徴収・使用に応じない場合にあっても、ＮＨＫが受信料を徴収・使用することについて、「……憲法13条、21条、29条に違反するものではない（判決第２－２－〈４〉）……」と判示していることについても全く理解することができません。

第４　大阪地裁堺支部の判決

1

それで、大阪地裁堺支部が私の請求において出した判決が、平成29年最高裁判決があった後の平成30年５月15日であったこともあり、既に受信契約を締結した私の請求についても当然であるかのように棄却しました。棄却した理由は、平成29年最高裁判決の論理に沿ったものというよりは、当該判決が、ＮＨＫが徴収・使用する受信料について合憲の判決を出したが故の判決であり、ＮＨＫが徴収・使用する受信料は、「合憲である。」との合憲を前提とした判決であったのです。

それで、既に検証しているとおり、法64条1項が表記する文面を検証しても理解できるかと考えますが、同条1項が**規制**する**受信設備の設置者**は、ＮＨＫのテレビ放送を受信することのできるテレビ等Ａ・ラジオＡ・多重受信機Ａの設置者**のみ**であり、ＮＨＫの放送を受信しないテレビ等Ｂ・ラジオＢ・多重受信機Ｂの設置者については受信契約の締結を必要とする規定とはしていません。

つまり、消去法によって、同条1項が表記する規定の文面を検証し、受信契約の締結を必要としない受信設備の設置者を削除すると、テレビ放送を受信しないラジオＢ・多重受信機Ｂの設置者は必然的にその規制の対象から除外されますので、残るのはテレビ放送を受信することのできるテレビ等・ラジオ・多重放送受信設備に限定されますが、テレビ等・ラジオ・多重放送受信設備であっても、同条1項が規制する受信設備の設置者は、同条1項の冒頭に「協会の放送を受信することのできる受信設備を設置した者は、……しなければならない。ただし、……この限りでない。」と表記していますので、その規制の対象となる受信設備の設置者は、必然的にＮＨＫのテレビ放送を受信することのできるテレビ等Ａ・ラジオＡ・多重受信機Ａの設置者に限定されてきます。

よって、NHKの放送を受信することのできるラジオ・多重放送受信設備であっても、NHKのテレビ放送を受信しないラジオB・多重受信機Bの設置者は規制の対象から除外されます。ですが、NHKの放送を受信することのできるテレビ等は、NHKのテレビ放送を受信することができますので本条1項が規制する受信設備のテレビ等Aということになりますが、ラジオと多重放送受信設備については、テレビ放送を受信しないものもありますので、この種のラジオと多重放送受信設備については、NHKのラジオ放送・多重放送を受信するものであっても、ラジオB、多重受信機Bということになり本条1項の規制の対象とはなりません。また、NHKのテレビ放送を受信しないテレビ等Bの設置者については、同条1項がNHKとの受信契約の締結を求めている規定としているものではないことから、テレビ等Bの設置者についても受信契約の締結をする必要がないという論理になります。

ですが、現実にはNHKのテレビ放送を受信しないテレビ等Bは、テレビ等製造業者の人為的な不作為によって製造されていませんので、一般的にはテレビ等Bを選択・設置することはできません。

それに、NHKのテレビ放送を受信しないテレビ等B・ラジオB・多重受信機Bの設置者については、NHKが策定している受信規約の契約条項においても受信契約の対象とはしていませんので、実質的に受信契約締結の対象となる受信設備はテレビ等Aの設置者のみということになります。

2

それで、前記のことを主張しながら大阪地裁堺支部の審理を進めたのですが、同堺支部は、同条1項が規制するNHKと受信契約の締結を必要とする受信設備について、「法64条1項が規定する受信設備（テレビ等）は、NHKのテレビ放送を受信する受信設備（テレビ等A）に限定した受信設備ではなく、NHKのテレビ放送を**受信する、しないを問わず**、テレビ放送を受信することのできる受信設備（テレビ等）を設置した者は、NHKと受信契約の締結義務がある。」と、平成29年最高裁判決と同じ論理による見解の判決をするとともに、「国民がNHKの放送を受信しない受信設備（テレビ等B）を選択する権利があるとすれば、NHKの財源が枯渇することも懸念される。」と判示し、NHKのテレビ放送を受信しないテレビ等Bが製造されたとしても、国民はNHKのテレビ放送を受信しないテレビ等Bを選択・設置する権利がない、と判示するとともに、NHKが受信料を徴収・使用することについて、憲法判断を優先するよりも、行政事業の継続を優先した見解による判決をしたのです。

それに今一つ、憲法の条項に制定の権限を有しないＮＨＫが策定した受信規約について、私は、「憲法の条項に制定の権限を有しないＮＨＫが策定した受信規約は、国民に対する法的拘束力を有するものではない。よって、受信規約の契約条項に国民が拘束されることはない。」と主張していたのですが、同堺支部は、憲法の条項に制定の権限を有しないＮＨＫが策定した受信規約について、「受信契約は、そもそも被告（ＮＨＫ）とその放送を受信することのできる受信設備を設置した者との間で締結される**私法上の契約にすぎない**から、契約内容が受信規約によって定まるとしても、被告（ＮＨＫ）の受信規約の策定権限が憲法に定められていることや、その請求及び徴収に憲法上の直接の根拠を必要とするとは解されない。」と判示し、ＮＨＫが策定している受信規約の契約条項が、受信料（国民の私有財産）を強制的に徴収・使用する契約条項としているにもかかわらず、憲法上の根拠を必要としない、とする見解を示したのです。

国民を法的に拘束する法的拘束力を有するものは、憲法の条項に制定の権限を有する法律や、両議院及び最高裁の規則、内閣の政令、地方自治体の条例等に限定されるにもかかわらず、大阪地裁堺支部は、憲法の条項に制定の権限を有していない憲法上においては一企業体であるＮＨＫが策定した受信規約が、受信契約の締結を強制し、ＮＨＫのテレビ放送を視聴するしないを問わず受信料（個人の私有財産）を強制的にでも徴収・使用するとする契約条項としているにもかかわらず、憲法上の根拠を必要としない、と判示したのです。

ＮＨＫが公共企業体であるとはいえ、憲法上においては、一企業体一法人格であり、憲法上におけるＮＨＫは、国民個人とは公平、平等の立場にあるのです。その一企業体が策定した受信規約の契約条項が国民に対する法的強制力を有する、と判示したのですが、大阪地裁堺支部のこのような判決が憲法理論上到底許されるはずはありません。

第5　大阪高等裁判所（以下「大阪高裁」と記述）への控訴

それで、大阪高裁へ控訴したのですが、同年12月20日、大阪高裁においても私の請求が棄却されました。

大阪高裁が私の請求を棄却した主な理由は、大阪地裁堺支部の判決を支持するとともに、ＮＨＫが徴収・使用する受信料について、「ＮＨＫが受信料を徴収することは、法64条1項と受信規約に基づくものであり、憲法29条及び同13条に反するものではない。」と判示するものでした。

しかし、法64条1項が規定・表記する文面をよく読解し、検証すれば理解できることかと考えますが、同条1項は、受信契約を締結していない国民に適用されるべき条項であって、既に受信契約を締結している国民（私）に、同条1項が適用される余地はないのです。

つまり、法64条1項は、受信契約を締結していない受信設備の設置者については、受信契約の締結をしなければならない、として受信契約の締結を強制し、その受信契約の基準となる契約の具体的な契約条項の策定については、同条2項及び3項を規定することによって、その受信契約に関する契約条項の策定をNHKに丸投げ委任した規定としてはいるのですが、NHKが策定している受信規約（契約条項）は、憲法の条項に制定の根拠を有しているものではないことから、同条1項の規定によってNHKと受信契約の締結をしたとしても、NHKのテレビ放送を視聴しない受信設備の設置者が、NHKが策定している受信規約の契約条項を適用するよりも、利用者負担乃至は受益者負担の慣習法を優先して適用し、受信料の徴収に応じないとしても、受信契約の締結状態は継続しているのですから、同条1項が適用される余地はなく、受信規約の契約条項に拘束される必要はないと考えるのです。

ですが、大阪高裁は、その適用される余地のない法64条1項を私の請求に適用し、私の請求を棄却したのです。つまり大阪高裁は、適用される余地のない同条1項と、受信規約を横並びで同時に並列して適用し、受信規約そのものにも憲法上の法的拘束力を有するとするかのような見解を示したのですが、大阪高裁が受信規約を単独で適用する見解を示さず、受信規約を同条1項と同時に並列して適用したことは、受信規約そのものを単独で適用することについては、受信規約そのものには憲法上の法的拘束力がないことを大阪高裁自身が認識していたからではないかと考えます。

つまり大阪高裁が、憲法の条項に制定の根拠を有していないNHK及び、NHKが策定した受信規約を同条1項と横並びで同時に並列して適用し、NHKのテレビ放送を視聴しない国民からでもNHKが受信料の徴収・使用を強制している受信規約を、憲法29条に違反しない、と判示したことは、受信規約そのものには国民を法的に拘束する法的拘束力がないことを大阪高裁自身が自認していたからであると考えますが、憲法理論上法的拘束力を有しない受信規約を、同条1項と横並びで並列して適用することで、受信規約そのものにも憲法上の法的拘束力が有することを示し、NHKのテレビ放送を視聴しない者からNHKが受信料を徴収・使用することについても憲法29条に違反しない、と判示したものであると考えます。

第6　「契約の自由」及び「利用者負担（利用者責任）」、「受益者負担（受益者責任）」の慣習法について

しかし、前記のような大阪高裁の判決にも納得がいくものではありません。受信規約に憲法上の法的強制力がなく、大阪地裁堺支部が判示するように、受信契約そのものが「私法上の契約にすぎない」ものであるとすれば、私法上の契約を規律する一企業体であるＮＨＫが策定した受信規約よりも、一般社会通念として定着している契約の自由や利用者負担（利用者責任）乃至は受益者負担（受益者責任）の慣習法が優先されることは法的必然的な道理であると考えます。ですが大阪高裁は、一般社会通念上の慣習法の理論に全く触れることなく、受信規約を法64条1項と並列して適用することによって、受信規約そのものにも憲法上の法的拘束力を有するとするかのような見解を示したのです。

ところで、一般社会通念上においては、不文律となっている**慣習法**があります。慣習法には種々ありますが、その代表的なものが**契約の自由**であり、**利用者負担**（利用者責任）乃至は**受益者負担**（受益者責任）の慣習法であると考えます。

一般社会通念上の慣習法となっている契約の自由とは、当事者間で何かの契約を締結する場合、当該契約を締結することについての契約を締結する、しないの自由をはじめ、契

約を締結するについては、当事者間の意思表示の合致（合意）が必要であり、合意が成立しない場合は、契約も成立しないという自由であり、利用者負担乃至受益者負担の慣習法とは、何かを利用する場合において、そこに発生するその費用乃至負荷については、そのことを利用している利用者乃至はそこから何らかの利益を受けている受益者の責任においてその費用乃至負荷を負担するというものであり、少なくともそのことを利用することのない者、若しくは、そのことから利益を受けることのない者については、そのことに対する費用等の負担（責任）が発生することはないとする不文律ともなっている慣習法のことです。

それで、私は、当初ＮＨＫのテレビ放送を視聴していたことから、ＮＨＫに受信料を支払うことによって、ＮＨＫと受信契約の締結をしたのですが、その後ＮＨＫとの見解の相違から、「ＮＨＫの放送は視聴しない。よって、受信料の徴収・使用にも応じない。」と主張して、ＮＨＫと交渉したのですが、ＮＨＫが私の要求に応じることなく、また、受信契約の締結を変更することもなく受信料の請求を継続してきたことから、受信料の請求・徴収及び受信料を徴収・使用するための根拠としている受信規約が憲法29条に反するとして、受信料の徴収・使用を拒否するとともに今回の訴訟に及んだのです。

第7　最高裁への上告

大阪高裁へ控訴したものの、同高裁は一般社会通念上の慣習法の理論に全く触れることなく、私の請求を棄却したのですが、同高裁の判決理由も不服であるとして、平成30年12月26日最高裁へ上告しました。

最高裁への上告は、民事訴訟法312条1項（憲法違反を理由とする等の理由）及び2項（省略）と、同法318条1項（法令の判断に重大な違反があることや、過去の最高裁判決と異なる判決をしている等を理由とする上告受理申立て）に該当する場合にすることができますが、私の上告理由は、同法312条1項に該当する理由として、①受信契約を締結し、NHKの放送を視聴しない私に対して、NHKが受信料の徴収を請求（請求書を送付）すること及び当該受信料の徴収・使用を強制する受信規約が憲法29条（私有財産権の不可侵）に反すること、②受信料の徴収に応じないのであれば生活必需品であるテレビを廃止する外はない、と主張するNHKの主張を支持した大阪高裁の判決が憲法13条（幸福追求権等）に反することの二つを挙げました。そして、同法318条1項に該当する理由として、①大阪高裁が、既に受信契約を締結している私に、適用する余地のない法64条1項を適用したことは、法の適用に重大な誤りがあること、②受信規約を法64条1項と横並びで適用したことは、憲法上において法的拘束力を有しない受信規約を、法64条1項と同じ法的拘束力を有するとするかのように判断したものであり、法の解釈に重大な誤りがあること、③法64条1項と、受信規約を私の請求に適用し、私の請求を棄却したことは、法64条1項と同条2項の解釈に重大な誤りがあることの3点をその理由としてあげました。

それで、法64条1項と、同条2項を連動した規定として、テレビ等に限って簡潔に検証すると、法64条1項が、NHKと受信契約の締結を強制しているのは、NHKのテレビ放送を受信することのできるテレビ等Aの設置者だけであって、NHKのテレビ放送を受信しないテレビ等Bの設置者については、NHKとの受信契約の締結を必要とする規定とはしていませんので、受信契約の締結を強制することそのものとしては、一般社会通念上の慣習法ともなっている**契約の自由を踏襲**した規定としていることが理解できるかと考えます。

そして、同条2項が受信料の徴収・使用を求めているのは、同条1項の規定によって、受信契約を締結した者からだけであって、受信契約を締結しない者から受信料の徴収・使用を認める規定としているものでもなく、NHKのテレビ放送を受信しないテレビ等Bの設置者が受信料を徴収・使用されることはないのです。

つまり、同条1項は、一般社会通念上に定着し、**慣習法**ともなっている**契約の自由を遵**

守する規定とし、同条2項は、利用者負担乃至は受益者負担の慣習法の原則を遵守する規定としているのですが、このことは同条1項及び2項が規定する文面を検証すれば明白であるかと考えます。

ですが、NHKのテレビ放送を受信しないラジオBは存在しますが、NHKのテレビ放送を受信しないテレビ等Bは一般社会販売市場に流通存在していませんので国民がテレビ等Bを選択・設置することはできません。

第8　法64条1項・2項・3項と契約の自由及び利用者負担・受益者負担の慣習法について

前記のような現状において、法64条2項は、「協会は、あらかじめ、総務大臣の認可を受けた基準によるのでなければ、前項本文の規定により契約を締結した者から徴収する受信料を免除してはならない。」と規定し、その3項においては、「協会は、第一項の契約の条項については、あらかじめ、総務大臣の認可を受けなければならない。これを変更しようとするときも、同様とする。」と規定・表記しています。

つまり、法64条は、同条2項と3項によって、同条1項が強制する受信契約の契約条項の基準の策定を、総務大臣の認可を受けさせる形でNHKに丸投げ委任した規定とはしているのですが、その契約条項の策定に関する権限を当該条項によっても明確に委任した規定としているものでもありません。

ですが、同条1項では、NHKのテレビ放送を受信することのできるテレビ等Aを設置した全ての設置者に対して、受信契約の締結を全て強制しているにもかかわらず、その2項においては、1項の規定によって受信契約を締結した者であっても、受信料の徴収を免除すべき者が存在することを示す規定としているとともに、受信料の徴収・使用については受信契約の締結が前提であることを示す規定としているのです。

つまり、法64条1項と、同条2項を連動して検証すると、NHKのテレビ放送を受信することのできるテレビ等Aを設置した全ての設置者に対して、受信契約の締結を全て強制してはいるが、受信料の徴収・使用については受信契約を締結することが前提ではあっても、受信契約を締結した全ての設置者から受信料を全て徴収しなければならない、とする規定としているものでもないのです。つまり、同条2項が、受信料を徴収・使用するのを容認しているのは、受信契約を締結することが前提であり、かつ、受信料の徴収を免除すべき者の存在を示す規定としていることは、何らかの事情のある者については、受信契約の締結をしたとしても、受信料を免除すべきことを受信契約の基準となる契約条項（受信規約）中に設けるべきことを示す規定としているのです。

つまり、法64条1項と同2項の制定の趣旨乃至目的は、NHKの放送事業を正常に運営する運営資金の確保を目的として、その資金源となる運営資金を受信料の名目で徴収・使用するために、NHKのテレビ放送を受信することのできるテレビ等Aを設置した全ての設置者に限って、受信契約の締結は必ず全てしなければならない、と受信契約の締結についてはは強制した規定とはしているものの、受信料の徴収については、必ずしも全ての契約者から全て徴収しなければならない、とする規定としているものではないのです。つまり、法64条そのものとしては、契約の自由や利用者負担乃至受益者負担が一般社会通念上の不文律の慣習法となっていることを踏まえ、当該慣習法の原則を踏襲した規定としているのであると考えます。

そして法64条を何故このような条項としたのかを検証すると、NHKのテレビ放送を受信することのできるテレビ等Aの設置者が、NHKのテレビ放送を視聴しないと称して、NHKと受信契約を締結せずに受信料の徴収に応じることなく、NHKのテレビ放送を無断で視聴する**無断視聴者**の存在を**否定できなかった**が故に、敢えて受信契約の締結を強制した規定とし、受信契約を締結させることによって受信料の徴収・使用に応じることなく無断で視聴する**無断視聴者の防止**を図り、一般社会通念上に定着している利用者負担乃至は受益者負担の慣習法上の原則を遵守させることによって社会秩序の維持を図るとともに、NHKに対しては、NHKのテレビ放送を受信することのできるテレビ等Aを設置し、NHKのテレビ放送を視聴する者から法的にも、道義的にも正当な受信料を徴収・使用させることによって、NHKのテレビ放送事業に要する正当な運営資金を確保し、法的、道義的にもNHKのテレビ放送事業の正常な運営を期待したものであると考えます。

第9　法64条1項及び2項・3項の制定の趣旨乃至目的について

1

よって、本条1項及び2項・3項そのものとしては、テレビ等に限って検証すると、NHKのテレビ放送を受信することのできるテレビ等Aの設置者については、NHKのテレビ放送を視聴する、しないにかかわらず、NHKと放送の受信についての契約をしなければならない、と受信契約の締結については強制しているものの、NHKのテレビ放送を視聴しない者が受信契約を締結したとしても、NHKのテレビ放送を受信しないテレビ等Bが、テレビ等製造業者の人為的な不作為によって製造されておらず一般社会販売市場に流通・存在していない現状や、ＮＨＫが策定すべき受信規約が憲法の条項に根拠を有せず、国民に対する法的拘束力を有しないことから検証すれば、ＮＨＫのテレビ放送を視聴しない国民がＮＨＫと受信契約の締結をしたとしても、当該国民のその意に反してまでも受信料を徴収・使用することを容認した規定としているものではないと考えます。

つまり、本条1項及び2項・3項そのものの本来の趣旨乃至目的は、その1項においては、ＮＨＫの運営資金となる受信料の徴収・使用を目的として、ＮＨＫのテレビ放送を受信することのできるテレビ等Ａを設置した者は必ず全て受信契約の締結をしなければならないとした規定とはしたが、その2項においては、1項の規定によって受信契約の締結をしたとしても、受信料を免除すべき者が存在することを示した規定とし、そして、その受信料を免除すべき者については、ＮＨＫの恣意的な意図によって受信料を免除することがないように、その受信料を免除すべき者については事前に総務大臣の認可を受けさせ、受信契約の基準となる契約の条項（受信規約）に規定すべきことを示す規定としているのであると考えます。

それで問題となるのが、ＮＨＫのテレビ放送を受信することのできるテレビ等Ａを設置した者が、ＮＨＫの放送を視聴しながらも受信契約を締結せず、受信料の徴収に応じることなくＮＨＫのテレビ放送を無断で視聴する**無断視聴者が存在する**ことや、ＮＨＫのテレビ放送を視聴しない者がＮＨＫのテレビ放送を受信しないテレビ等Ｂを選択・設置できない現状において、如何にするかということです。

そして、このことに対する解決策が全く考えられていないのも現実のことですが、法64条１項及び２項・３項を全体的に捉えた場合、その解決策を講じることができるのはＮＨＫが策定すべき受信契約の基準となる契約条項（受信規約）にあることは確かです。よって、ＮＨＫは、本条１項及び２項・３項が規定するその制定の趣旨乃至はその真の目的を理解した受信契約の基準となるべき契約条項（受信規約）を策定すべきであり、また、総務大臣においても現在ＮＨＫが策定している受信契約の契約条項については本来認可すべきではなかったのです。ですが、ＮＨＫが策定している現在の受信規約の契約条項ではこれらの問題を解決することができないにもかかわらず、総務大臣は当該受信規約を認可しているのです。

ＮＨＫが現在策定している受信規約（インターネットで検索可能）の契約条項は、ＮＨＫのテレビ放送を受信することのできるテレビ等Ａを設置した全ての設置者は、テレビ等Ａを設置したことによって、その全ての設置者が受信契約を締結しなければならないとするとともに、受信契約を締結した者は、特定の事情のある生活扶助受給者や障害者等を除き、ＮＨＫのテレビ放送を視聴する、しないの有無にかかわらず受信契約を締結した全ての設置者から、受信料を全て徴収・使用するとする契約条項としているのです。

ですが、NHKが策定しているこのような受信規約の契約条項では、NHKのテレビ放送を視聴しない者が、受信料を徴収されることを前提として受信契約の締結をするとも考えられず、また、NHKのテレビ放送を視聴していながらもNHKのテレビ放送は視聴していない、と称して、受信契約の締結をせずに受信料の徴収を免れている**無断視聴者**の存在を防止できていないのも現実であり、そして、このような者が存在することは、人の心情としては利用者負担乃至は受益者負担の慣習法の原則が一般社会通念として定着していることから考えれば当然の法的道理であり、また、現実に無断視聴者が多数存在することは、利己主義的考えが横行している現状から考えると、これも欲望的な自然現象であると考えます。ですが、現実にこのような問題が起きていることは、受信規約そのものに不備、不合理があることは明白であり、受信規約の契約条項の不備、不合理が根源となって、社会秩序が維持されていないこともまた現実のことです。

特に一般社会通念上の利用者負担や受益者負担の慣習法が定着していることからすれば、現在の受信規約の契約条項では、NHKのテレビ放送を視聴しない者が受信契約を締結せずに、受信料の徴収・使用に応じないことは必然的な利害関係の出現現象でもあり、NHKのテレビ放送を視聴しない国民から受信料を徴収・使用しているNHKこそが法的、道義的にも非難されて然るべきであると考えます。

そして、このような現状と、NHKのテレビ放送を視聴しながらも受信料の徴収を免除されている生活扶助受給者や障害者等が存在していることからすれば、NHKのテレビ放送を視聴しない者が受信契約を締結し、NHKから受信料を強制的にでも徴収・使用されていることについては、正直者がバカを見るといったことでもあって、法そのものの制定の趣旨や目的が如何に公共の福祉や公益にかなうものであり、当該法の目的を達成するために必要であるとしても、受信規約の当該契約条項が憲法29条に違反するものではない、とする平成29年最高裁判決の論理や大阪地裁堺支部の判決の論理乃至はNHKの法廷における主張が法的、道義的に非難されて然るべきであって、憲法理論上においても許されるものではないと考えます。

2

つまるところ、本条1項及び2項・3項が求めるその本来の制定の趣旨乃至目的は、法そのものの必要性、公共性、重要性を重視しながらも、NHKのテレビ放送を受信することのできるテレビ等Aの設置者に限って、NHKとの受信契約の締結を強制することによって、一般社会通念上に定着している契約の自由や利用者負担乃至は受益者負担が不文律ともなっている慣習法の原則を踏襲し、テレビ等Aを設置しNHKのテレビ放送を視聴する者から法的にも、道義的にも正当な受信料を徴収・使用させることにより、NHKのテレビ放送事業に要する適正な運営資金を、受信料を徴収・使用させるといった形で確保させ、そしてそのことによってNHKのテレビ放送事業を法的、道義的にも適正な運営資金として確保させることによって、NHKの正常な放送事業を運営させるとともに、NHKのテレビ放送を無断で視聴する無断視聴者の防止をも図ることによって、正常な社会秩序の維持を保持することもその目的としたものであって、NHKの適正な放送事業を運営させるための資金源を確保させるために受信料を徴収・使用させることが目的ではあっても、受信料を徴収・使用させることの**のみ**が唯一無二の目的ではないと考えます。

本条1項の規定によって、NHKのテレビ放送を受信することのできるテレビ等Aの設置者に限って受信契約の締結を強制し、受信料の名目でNHKの運営資金を法的にも、道義的にも正当な運営資金として確保するとともに、NHKのテレビ放送を無断で視聴する**無断視聴者**の防止を図ることによって、社会秩序の維持を保持することもその狙いとするところであるとともに、本条2項の規定によって受信料を免除すべき者の存在を示していることは、NHKのテレビ放送を受信することのできるテレビ等Aの設置者が、受信契約を締結した場合においても生活扶助受給者や障害者等の特定の事情のある者に限って受信料を免除したとしても、ＮＨＫのテレビ放送事業の正常な運営に支障を来すことはなく、また、受信料として徴収・使用する資金の範囲においてＮＨＫのテレビ放送事業を運用すべきであるとすることが、本条1項・2項・3項の制定の趣旨乃至は目的であると考えます。

本条2項が規定する受信料を免除すべき者として示している者について、ＮＨＫが策定した受信規約の契約条項においては特定の事情のある者として生活扶助受給者や障害者等の数例を限定的に列挙し、当該受信料を免除すべき者として列挙した者については、ＮＨＫのテレビ放送を視聴していながらも受信料を免除し、一方、受信契約を締結しＮＨＫのテレビ放送を視聴しない者からであっても、受信料を徴収・使用するとしている受信規約の契約条項を、利用者負担乃至受益者負担の慣習法の原則から検証すれば、ＮＨＫのテレビ放送を視聴しながらも受信料の徴収を免除され、その一方、ＮＨＫのテレビ放送を視聴しなくとも受信料を徴収・使用されるといった矛盾が生じていることも現実のことです。

よって、ＮＨＫのテレビ放送を視聴しない者からでも受信料を徴収・使用するとしている受信規約の当該契約条項及び平成29年最高裁判決を、憲法29条に目線を置いて検証したとき、同条項に反することは明白であると考えます。

第10　最高裁第二小法廷の決定

以上検証したようなことを主張しながら、平成31年1月20日最高裁へ上告しましたが、最高裁第二小法廷において受理されたものの、令和元年6月14日付の決定によって同法廷により棄却されました。棄却された理由は、「民訴法312条1項又は2項に該当しない。」とするものと、「同法318条1項により受理すべきものとは認められない。」とするものであり、何故当該理由に該当しないのか、その棄却された理由の詳細は示されていませんでした。

それで、今回訴訟に及んだ目的が「受信料請求書の差止めと、受信規約の違憲無効の請求」であったことから、当該請求の目的が上告理由に該当しないのか、上告理由として主張した論理そのものが上告理由に該当しないのか判断できないところであり、棄却された理由については検証できないところですが、平成29年最高裁判決が出ていたこともあり、当該判決の論理を見据えての棄却であったことは考えられるところです。

ですが、NHKから受信料を請求されたとしても、その受信料の徴収に応じるか、否かの自由は私にありますので、今後NHKが受信料の徴収に応じない私を提訴するのか否か、NHKが提訴することを待って再度司法の場で争うことを考えています。

　ですが、平成29年最高裁判決については多くの疑問点がありますので以下当該判決に焦点を当てた検証をしていきます。

第二章　各論に関する検証

ＮＨＫが徴収・使用する受信料及びＮＨＫの受信規約と、平成29年最高裁判決を検証するに当たり、その検証の根拠となる各論について検証します。

第1　受信設備に関する検証

簡潔には既に検証していますが、先ずＮＨＫが受信料を徴収・使用するための根拠としている法64条1項が規定する受信設備について検証します。

法64条1項が**規定する**放送の受信を目的とする**受信設備**には、テレビ放送を受信することのできるテレビ・スマホ・カーナビ・携帯電話等のテレビ等とラジオ、多重放送受信設備があり、ラジオ放送のみを受信するラジオ、多重放送のみを受信する多重放送受信設備がありますが、同条1項が**規制する受信設備の設置者**は、ＮＨＫのテレビ放送を受信することのできるテレビ等Ａ・ラジオＡ・多重受信機Ａの設置者**のみ**であることも既に検証しているとおりです。

そして、中でもテレビ等は1億2600万の全国民に普及した、全国民の生活に密着し、国民の日常生活に欠かすことのできない、娯楽及び情報取集・伝達に必要不可欠なものであり、NHKのテレビ放送に限らず他の民放テレビを多数同時に視聴可能な**生活必需品**であるということです。

そして、既に記しているとおり、法64条1項は、NHKのテレビ放送を受信することのできる**テレビ等A**・ラジオA・多重受信機Aの設置者に限って、NHKと受信契約の締結をしなければならない規定としており、NHKのテレビ放送を受信しないテレビ等B・ラジオB・多重受信機Bの設置者については、NHKとの受信契約の締結を必要とする規定としているものではありません。

それで、NHKのテレビ放送を視聴しないから、NHKに受信料を徴収・使用されるのが嫌であるからといって、NHKのテレビ放送を受信しないテレビ等Bを選択・設置したくとも現実にはテレビ等Bが一般社会販売市場に流通・存在していませんので、NHKのテレビ放送を受信することのできるテレビ等Aを設置せざるを得ないのが現状なのです。

それで、テレビ等Bが一般社会販売市場に流通・存在していない要因を検証したところ、テレビ等Bが一般社会販売市場に流通・存在していないのは、テレビ等製造業者の単なる人為的な不作為によってテレビ等Bが製造されていないことによるものであることが検証できたのです。

それで、NHKのテレビ放送を受信しないテレビ等Bが一般社会販売市場に流通・存在しない現状において、NHKのテレビ放送を視聴しない国民がテレビ等Bを選択・設置したくとも、テレビ等Bを選択・設置できず、やむを得ずNHKのテレビ放送を受信することのできるテレビ等Aを設置しなければならない現状にあって、テレビ等Aを設置したからといってNHKのテレビ放送を視聴しない国民から、当該国民のその意に反する受信料をNHKが強制的にでも徴収・使用することが、憲法29条が保障する個人の私有財産権を侵害しないのか極めて強い疑問が残るところであり、平成29年最高裁判決においても、NHKのテレビ放送を受信しないテレビ等Bを設置し、NHKのテレビ放送を視聴し得ない国民からNHKが受信料を徴収・使用する場合であっても「……憲法13条、21条、29条に違反するものではない（判決第2－2－〈4〉）……」と、判示したのです。ですが、当該判決については多くの疑問点がありますので、当該判決を含め以下総合的な目線で検証していきます。

第2　憲法29条、受信料、平成29年最高裁判決の関係についての検証

1

次に、憲法29条と、NHKが徴収・使用する受信料と、平成29年最高裁判決の関係について検証します。

平成29年最高裁判決は、NHKが受信料を徴収・使用することについて、「……憲法13条、21条、29条に違反するものではない（判決第2－2－〈4〉）……」と判示しましたが、NHKが徴収・使用する受信料の全てが本当に憲法29条に反しないのか極めて強い疑問が残ります。

憲法13条（個人の尊重、生命・自由・幸福追求の権利）及び21条（集会・結社・言論・出版・表現の自由）が保障する国民の基本的人権の関係については、公共の福祉に目線をおいて検証すれば、軽重の差はあっても法律による規制や制限は可能であると考えます。

ですが、憲法29条が保障する個人の私有財産権の不可侵権については、憲法30条（納税の義務）及び同84条（法律の条件による税の賦課）との関連もあり、たとえ公共の福祉目的であっても、同29条3項に抵触するような国民個人の私有財産を使用（規制や制限）す

ることについては、その**多寡**にかかわらず侵してはならない権利として同条が保障した国民個人一人ひとりの固有の権利であると考えます。

つまり、憲法29条1項は、「財産権は、これを侵してはならない。」と明記し、単純に個人の私有財産権の不可侵権を保障し、そして、その2項においては、「財産権の内容は、公共の福祉に適合するように、法律でこれを定める。」と規定し、さらに、その3項では、「私有財産は、**正当な補償**の下に、これを公共のために用いることができる。」と明記しており、私有財産を使用するについては、たとえ公共のためであっても**正当な補償**をしなければならない、と明記しています。

それで、憲法29条に目線を置いて、平成29年最高裁判決を検証したとき、その判決が本条3項に反する判決であることは明白であると考えます。

つまり、本条3項が、私有財産を使用するについては正当な補償をしなければならない、としているその趣旨は、当該国民のその意に反する私有財産を使用することについては正当な補償をしなければならないとして、憲法が保障した当然の憲法上の権利であるとして、当該国民のその意に反する正当な補償をしない私有財産の使用や、正当な補償を伴わない私有財産の使用は、これを禁止するとしている趣旨であることは、本条1項の規定と本条3項の規定を連動した規定として検証すれば明白なことです。

そこで、ＮＨＫが徴収・使用する受信料ですが、ＮＨＫは、ＮＨＫのテレビ放送を受信することのできるテレビ等Ａを設置し、ＮＨＫのテレビ放送を視聴しない者（国民）が当該受信料の徴収・使用に応じない場合においても、法64条1項と**受信規約**を法的な根拠として強制的にでも徴収・使用するとしているのであり、当該受信料を徴収・使用するについては、**何らの補償（正当な補償）**をしているものではありません。よって、ＮＨＫが徴収・使用する受信料が、ＮＨＫのテレビ放送を視聴しない国民のその意に反するものであれば本条3項に抵触し、本条1項に反することは明白であると考えます。

ＮＨＫは、法64条1項と受信規約を法的な根拠として受信料を徴収・使用しているのですが、受信規約の当該契約条項は、ＮＨＫのテレビ放送を受信することのできるテレビ等Ａを設置した者（国民）は、ＮＨＫのテレビ放送を視聴する、しないにかかわらず受信契約の締結をしなければならないとするとともに、ＮＨＫのテレビ放送を視聴せず、受信料の徴収に応じない国民からであっても受信料を徴収・使用するとする契約条項としているのですが、ＮＨＫのテレビ放送を視聴する者については、利用者負担乃至受益者負担が一般社会通念上の不文律ともなっている慣習法の原則からすれば、法的、道義的にもその道理にかなうものでありますが、一方、ＮＨＫのテレビ放送を視聴しない国民から、当該国民のその意に反してまでも受信料を徴収・使用するとしていることについては、利用者負担乃至受益者負担の慣習法が定着していることからすれば、憲法29条3項が保障する正当な補償をしているものではなく、当該国民のその意に反して受信料を徴収・使用することについては、憲法29条3項に抵触することが明白であると考えます。

2

それで、平成29年最高裁判決ですが、最高裁の当該判決においては、受信設備のことを「原告（NHK）の放送を受信することのできる受信設備（以下、単に「受信設備」ということがある。）（判決第1－1）」と判示し、さらに、受信設備を設置した者のことを「原告（NHK）の放送を受信することのできる受信設備を設置した者（以下「受信設備設置者」という。）（判決第1－2－〈1〉－エ）」と判示し、NHKのテレビ放送を受信することのできる受信設備のみに限らず、NHKのテレビ放送を受信しないNHKのラジオ放送のみやNHKの多重放送のみを受信する受信設備（ラジオBと多重受信機B）の設置者（国民）であっても「受信設備設置者」として一括りにした論理による判決によって、法64条1項が受信契約の締結を強制する、受信設備の設置者については、「……法64条1項は、受信設備設置者に対し受信契約の締結を強制する旨を定めた規定であり（判決第2

―1―〈2〉）……」と判示し、NHKのテレビ放送を受信することのできるテレビ等A・ラジオA・多重受信機Aの設置者（国民）に限らず、NHKのテレビ放送を受信しないNHKのラジオ放送のみを受信するラジオB・NHKの多重放送のみを受信する多重受信機Bの設置者（国民）であってもその全ての受信設備の設置者が受信契約の締結義務を有するとする判示をしているのです。ですが、流石にこの判示については理解できるものではありません。

つまり、当該判決は、NHKのテレビ放送を受信しないNHKのラジオ放送のみを受信するラジオBやNHKのテレビ放送を受信しないNHKの多重放送のみを受信する多重受信機Bを設置した受信設備の設置者（国民）であっても受信契約の締結義務がある、と判示しているのですが、法64条1項はその文末において「ただし、……この限りでない。」として、受信契約の締結義務の対象からNHKのラジオ放送**のみ**を受信することのできるラジオBとNHKの多重放送**のみ**を受信することのできる多重受信機Bの設置者については明確に除外した規定としているのであり、また、NHKのテレビ放送に限らず、NHKの放送そのものを受信しないテレビ等B・ラジオB・多重受信機Bの設置者については、法64条1項が受信契約の締結を必要とする受信設備の設置者としているものではなく、法64条1項が受信契約の締結を強制している受信設備の設置者は、NHKのテレビ放送を受信することのできるテレビ等Ａ・ラジオＡ・多重受信機Ａの設置者に限定した規定としていることからすれば、平成29年最高裁判決の当該判示が論理不足であることは明白であると考えます。

3

それで、平成29年最高裁判決の当該事件が、ＮＨＫのテレビ放送を受信することのできる衛星カラーテレビ放送を受信することのできるカラーテレビ（テレビ等Ａ）を設置した被告（国民）の受信料の徴収・使用に関する事件の裁判であったとして検証すると、当該判決の判示は、ＮＨＫのテレビ放送を受信しないテレビ等Ｂの設置者（国民）であっても受信契約の締結義務があると判示しているのであり、テレビ等Ｂを設置し、ＮＨＫのテレビ放送を視聴し得ない国民からＮＨＫが受信料を徴収・使用する場合であっても「……憲法13条、21条、29条に違反するものではない（判決第２－２－〈４〉）……」と判示していると解されるものであって、このような最高裁の当該判決の論理については理解できるものではありません。

法64条１項の規定によって、ＮＨＫのテレビ放送を視聴する、しないを問わずＮＨＫのテレビ放送を受信することのできるテレビ等Aの設置者に対して受信契約の締結を命ずる判決をすることについては、その法的効果として当然のことであるにしても、NHKのテレビ放送を受信しないテレビ等Bを設置した国民に対しても「……現実に原告（NHK）の放送を受信するか否かを問わず、受信設備を設置することにより原告（NHK）の放送を受信することのできる環境にある者に広く公平に（受信料の）負担を求めることによって（判決第2－1－〈1〉－ア）、……」と判示していることや、NHKのテレビ放送を視聴し得ない国民からまでもNHKが受信料を徴収・使用することについて「……憲法13条、21条、29条に違反するものではない（判決第2－2－〈4〉）……」と判示していることについては全く理解できるものではありません。

つまり、法64条1項の規定によって、NHKのテレビ放送を受信することのできるテレビ等Aの設置者が、NHKのテレビ放送を視聴するか、しないかを問わずNHKと受信契約の締結をしなければならない、とする判示については、受信契約の締結を法によって強制していることからすれば当然の法的効果であるとしても、NHKのテレビ放送を受信しないテレビ等B・ラジオB・多重受信機Bの設置者についてまでも受信契約の締結義務があると判示していることについては、全く理解できないところであり、加えて、NHKのテレビ放送を視聴しない国民がやむを得ずNHKのテレビ放送を受信することのできるテレビ等Aを選択・設置することは、テレビ等Bを選択・設置する選択の自由がないこと及び当該テレビ等そのものが生活必需品であることからすればやむを得ない選択肢であり、NHKのテレビ放送を視聴し得ない国民から当該国民のその意に反してまでもNHKが受信料を徴収・使用することについて、「……憲法13条、21条、29条に違反するものではない（判決第2－2－〈4〉）……」と判示している判決の論理については利用者負担乃至は受益者負担の慣習法が定着していること、及び当該慣習法の趣旨を法64条1項及び2項が踏襲した規定としていることからすれば、当該判決が憲法29条に反するものであることは明白であると考えます。

第3　受信規約と受信料に関する検証

次に、NHKが策定している受信規約と、NHKが徴収・使用している受信料について検証します。

NHKは、法（国会）によって、総務大臣が認可したテレビ放送事業を運営する特殊法人であり、基幹公共放送事業を運営する公共企業体と位置付けされ、その仕組みは法に詳しく規定されています。ですが、法（国会）においては、その運営の資金源となる財源の確保に関する具体的な条項を何も規定していません。

それで、法（国会）は、ＮＨＫの財源を捻出するために、法64条1項及び2項、3項を制定しているのですが、その1項の規定というのが、テレビ等に限って検証すると、ＮＨＫのテレビ放送を受信することのできるテレビ等Aを設置した国民に対して、「協会（ＮＨＫ）の放送を受信することのできる受信設備（テレビ等A）を設置した者は、協会とその放送の受信についての契約をしなければならない。ただし、放送の受信を目的としない受信設備又はラジオ放送（音声その他の音響を送る放送であって、テレビジョン放送及び多重放送に該当しないものをいう。第百二十六条第一項において同じ。）若しくは多重放送に限り受信することのできる受信設備のみを設置した者については、この限りでない。」と、規定しているだけであって、その受信契約に関する契約締結の具体的な契約条項の内容については何も規定していないのです。

それで、その資金源となる運営資金の捻出を可能とするために、同条2項と3項に受信契約の基準となる具体的な契約条項の策定をＮＨＫに丸投げ委任する規定をしているのですが、当該条項によってもその策定権限を明確に付与するとする条項を規定することなく、当該受信契約の基準（契約の金額や契約の単位、契約の方法等の契約条件）となる契約条項そのものについても、法においては何も規定することなく、放送法施行規則（総務省令）第三章第四節に「受信料等」として第21条〜同24条に法64条の受信料に関する規定がなされてはいるものの、その受信契約の具体的な詳細の基準となる契約条項の策定については、総務大臣の認可を受けさせる形でＮＨＫに丸投げ委任した規定としているだけなのです。

それで、ＮＨＫは、同条2項と3項の規定に基づき受信契約の基準となる契約条項（受信規約）を策定しているのですが、その受信規約の内容（受信契約の基準となる契約条項）というのが、契約の変更を認めない一方的、強制的な有料の受信契約に限定した契約条項であって、テレビ等Ａを設置した国民は、ＮＨＫと受信契約の締結をしなくとも、テレビ等Ａを設置したことによって一方的、強制的に有料の受信契約の締結をしたものとする契約条項としており、ＮＨＫのテレビ放送を視聴せず、受信料の徴収・使用に応じない国民についても、当該受信料を一方的、強制的に徴収・使用することを可能とする契約条項の受信規約としているのです。ですが、当該受信規約の契約条項においては、ＮＨＫのテレビ放送を視聴しない国民から受信料を徴収・使用することについては、憲法29条3項が明記している正当な補償をしているものではないのです。よって、テレビ等Ａを設置した国民が、法64条1項の規定に基づき受信契約の締結をしたとしても、受信規約の当該契約条項によってＮＨＫのテレビ放送を視聴しない国民から、当該国民のその意に反して受信料を徴収・使用することは、利用者負担乃至は受益者負担の慣習法に目線を置いて検証すれば、憲法29条3項に抵触することは明白であると考えます。

第4　憲法29条と、受信料に関する検証

1

次に、憲法29条と、NHKが徴収・使用している受信料の関係について検証します。

憲法29条第1項は、「財産権は、これを侵してはならない。」と明記し、単純に私有財産権の不可侵権を保障し、そして、その第2項においては、「財産権の内容は、公共の福祉に適合するように、法律でこれを定める。」と規定しています。

同条2項の制定趣旨は、同条1項が保障する不可侵権の財産権について、不可侵権の財産権**であっても**、公共の福祉に適合するように法律で定める、と解することができますし、また、不可侵権の財産権**であるから**、公共の福祉に適合するように法律で定める、とも解することができます。

そして、不可侵権の財産権**であっても**……、と解すると、たとえ不可侵権の財産権**で**

あっても、公共の福祉のためには法律によって使用（規制・制限）することができる、と解することができますし、その一方、不可侵権の財産権**であるから**……、と解すると、不可侵権の財産権であるから、各個人がそれぞれ各人の財産権を主張し、そのことによって混乱が生じることがないように、公共の福祉に適合するように法律で定める、と解することができます。この解釈は、刑法上の窃盗罪や詐欺罪、横領罪等の財産権に関する規定や、また、民法等の民事法上の財産権に関する規定がそうであると理解すれば、理解しやすいのではないかと考えます。

しかし、不可侵権の財産権**であっても**……、と解すると、公共の福祉に適合するような内容であれば、法律をもって公共の福祉のために私有財産を使用（規制・制限）することができる、とも解することができます。ですが、このように解すれば、同条1項が保障する私有財産権の不可侵権との関係で矛盾が生じます。つまり、同条1項において「財産権は、これを侵してはならない。」としながらも、同条2項の規定によって、公共の福祉に適合するように法律を制定することによって私有財産を使用（規制・制限）するとすれば、同条1項の規定が無意味となってしまい矛盾が生じるからです。

それで、同条3項においては、「私有財産は、正当な補償の下に、これを公共のために用いることができる。」と規定し、その財産権の不可侵権を憲法29条全体として保障した規定としているのです。

つまり、同条3項の規定は、同条2項の規定によって私有財産を公共の福祉に適合するように使用するのであれば法律を制定することによって使用（規制・制限）することはできるが、たとえ公共の福祉のために私有財産を使用（規制・制限）する場合であっても、私有財産を使用（規制・制限）するについては正当な補償をしなければならないとしていることが理解できるのではないかと考えます。また、同条2項と同3項を連動して解釈すると、公共の福祉のために私有財産を使用（規制・制限）するには、法律を制定することが絶対条件であり、その法律によって私有財産を使用（規制・制限）する場合であっても、正当な補償をすることは**必須**であるとしていることが理解できます。

それで、同条3項の制定趣旨を別の視点で解釈すると、私有財産を公共の福祉のために使用するについては、たとえ、法律を制定して使用（規制・制限）する場合であっても、正当な補償をしない、あるいは、正当な補償を伴わない私有財産の使用は禁止するとしていることが理解できるかと考えます。

例えば、法律によって、私有地（私有財産）を公共のために道路として使用する場合には、先ず憲法29条2項の規定によって法律の制定が必要であり、次に同条3項が保障するそれに代わるような、それ**相当**の**お金で補償**をするとか、それに代わる**代替用地**を提供する等の**補償**をしなければならない、としていることが理解できます。
その一方、私有地を、法律を制定して道路として使用するに際して、それ相応の**お金を払わない**とか、**代わりの土地を提供しない**、といった一方的、強制的な私有財産の使用は、正当な補償をしない私有財産の使用であるとして、同条1項が「財産権は、これを侵してはならない。」として**厳しく禁止**しているのです。

2

そこで、憲法29条と、NHKが徴収・使用する受信料の関係について検証すると、NHKが徴収・使用する受信料（個人の私有財産）は、法64条1項の規定に基づき、NHKが策定している受信規約の契約条項による受信契約を締結することによって徴収・使用しているのですが、何らの補償（正当な補償）をしているものではありません。

つまり、NHKは、法64条1項の規定に基づき、同条1項と受信規約を法的な根拠として、国民個人の私有財産である**お金**を受信料の名目で徴収・使用しているのですが、それにもかかわらず、憲法29条3項が保障するその補償の対価となるべき正当な補償を何もしていないのです。

それで、憲法29条3項が明記する正当な補償について、NHKが提供するテレビ放送を正当な補償である、とする論理もなくはないのですが、これは本末転倒した論理であって、同条項が規定する正当な補償の対価とはなり得ないものです。

例えば、国会や政府等の国の機関（以下「国家機関等」と記述）がNHKのテレビ放送を使用して、国家機関等がNHKに対して正当な補償の対価として、税金（資金）を充当するというのであれば、それは憲法29条3項が明記する正当な補償である、との論理は成り立ちますが、NHKが国民個人から徴収・使用する受信料（お金）は、その逆、つまり、NHKがテレビ放送を提供するからお金（受信料）を徴収・使用するというものであり、NHKのテレビ放送がそのお金（受信料）を徴収・使用することに対する正当な補償である、とする論理については論理的に無理があると考えます。

ですが、平成29年最高裁判決は、**憲法上の論理的裏付けを全くしないまま**、NHKと受信契約を締結せず、NHKのテレビ放送を無断で視聴していたテレビ等Aを設置していた被告（国民）に対し、「放送法（64条）は、受信設備設置者に受信料を負担させる具体的な方法として、前記のとおり、受信料の支払義務は受信契約により発生するものとし、任意に受信契約を締結しない受信設備設置者については、最終的には、承諾の意思表示を命ずる判決の確定によって強制的に受信契約を成立させるものとしている（判決第2―2―

〈3〉)。」と判示し、ＮＨＫが被告（国民）から裁判によってでも強制的に受信料を徴収・使用することについて、当該国民のその意に反するものであっても「……憲法13条、21条、29条に違反するものではない（判決第2－2－〈4〉)……」と、極めて理解し難い論理による判示をしているのです。

つまり、平成29年最高裁判決の当該判示の論理を簡潔に要約すれば、ＮＨＫの放送を受信することのできる受信設備の設置者が、ＮＨＫと受信契約を締結しない場合は、ＮＨＫが裁判の手続きをすることによって受信契約が成立する、そしてその受信契約が成立したことによって、ＮＨＫが受信料を徴収・使用することは、国民がＮＨＫのテレビ放送を視聴するしないを問わず当該国民のその意に反するものであっても「憲法29条に違反するものではない」とする極めて理解し難い論理による判示をしているのです。

このように、平成29年最高裁判決は、ＮＨＫが徴収・使用する受信料と、憲法29条との関係そのものに関する具体的な見解を示さないまま、その判決において、「……現実に原告（ＮＨＫ）の放送を受信するか否かを問わず、受信設備を設置することにより原告（ＮＨＫ）の放送を受信することのできる環境にある者に広く公平に（受信料の）負担を求めることによって、原告が上記の者（受信設備設置者）ら全体により支えられる事業体であるべきことを示すものにほかならない（判決第2－1－〈1〉－ア)。」と判示し、ＮＨＫ

は、ＮＨＫの放送を受信するしないを問わず受信設備を設置し、ＮＨＫの放送を受信することのできる環境にある者に、広く公平に受信料の負担を求めることによって、支えられている事業体であると判示し、ＮＨＫの放送を受信しない受信設備（テレビ等Ｂ）の設置者からであっても受信料の負担を求めることができる、とする論理を展開するとともに、「……法64条1項は、受信設備設置者に対し受信契約の締結を強制する旨を定めた規定であり（判決第２－１－〈２〉）……」とする論理によって、法64条1項は、放送受信契約の締結を強制した規定であり、かつ、受信設備設置者がＮＨＫの放送を視聴するしないを問わず、ＮＨＫが当該受信設備設置者から受信料を徴収・使用することについては、当該国民のその意に反するものであっても憲法29条に違反するものではない、とする論理によって、ＮＨＫのテレビ放送を視聴し得ない者（ＮＨＫの放送を受信する環境になり得ない者）からであってもＮＨＫが受信料を徴収・使用することについて、「憲法29条に違反するものではない」と判示しているのですが、平成29年最高裁判決の当該判示については矛盾があり理解できる論理ではありません。

3

既に検証しているように、一般社会通念上においては不文律ともなっている慣習法がありますが、平成29年最高裁判決は、この一般社会通念上の慣習法の論理に全く触れることなく、前記のような論理によって、NHKのテレビ放送を受信し得ないテレビ等Bを設置した国民（NHKのテレビ放送を視聴する環境になり得ない者）にあっても受信料を負担させることを容認する論理を展開し、当該受信料の徴収・使用が「憲法29条に違反するものではない」と判示しているのです。

ですが、テレビ等Aの設置者が、法64条1項の規定によってNHKと受信契約の締結をしなければならないことは当然の法的効力であり、また、NHKのテレビ放送を視聴している者が受信料を徴収・使用されることも法的効力の結果であり、法的、道義的にも当然の道理であるにしても、NHKのテレビ放送を視聴し得ない者（NHKのテレビ放送を視聴する環境になり得ない者）からであっても、NHKが受信料を徴収・使用することについて「……憲法13条、21条、29条に違反するものではない（判決2－2－〈4〉）……」と判示した判示については、一般社会通念上に定着している利用者負担乃至は受益者負担の慣習法を無視した判決であり、また、法64条2項が当該慣習法の論理を踏襲した趣旨の規定をしていることからすれば、当該判決の論理が法64条1項・2項の解釈をも誤ったものであることは明白であると考えます。

つまり、既に検証しているように、法64条1項及び2項は、契約の自由や利用者負担乃至は受益者負担の慣習法の原則を踏襲した規定としており、NHKのテレビ放送を視聴しない国民が正当な補償を保障されることなく、NHKから受信料を徴収・使用されることについては、当該受信料を徴収・使用されるといった形で財産権を侵害されていることであって、NHKが当該受信料を徴収・使用することが憲法29条に反することは明白であり、よって、平成29年最高裁判決も憲法29条に反する判決であることは明白であると考えます。

第5　NHKそのものに関する検証（NHKは誰のためにあるのか）

1

次に、NHKは誰のためにあるのか、ということについて検証します。

NHKは、NHKのテレビ放送を国民が視聴することによって、成り立っていることは言うまでもないことです。

つまり、ＮＨＫは、国民がＮＨＫのテレビ放送を視聴するが故に成り立っているのであり、たとえ国家機関等が必要であるとしても、1億2600万国民がＮＨＫのテレビ放送を視聴しないのであれば、それは必要のないものであり、国民あってのＮＨＫなのです。

ですが、現在のＮＨＫのテレビ放送の視聴率から考えれば、国民にとってＮＨＫは必要なものであると考えます。しかし、それはＮＨＫのテレビ放送を視聴する国民にとっては必要なものである、との考えであり、ＮＨＫのテレビ放送を視聴しない国民にとっても、ＮＨＫが必要であるのか、とＮＨＫのテレビ放送を視聴しない国民の目線に立って検証したとき、それは全く必要のないものなのです。

私も以前は、ＮＨＫが必要である、との考えでした。ですが、ＮＨＫと受信料の件でトラブルとなり、それ以来ＮＨＫと受信料の件で幾度となく議論し、そして、その都度受信料のことについて研究を重ねるとともに、平成28年からはＮＨＫのテレビ放送を視聴していません。ＮＨＫのテレビ放送を視聴している間は、ＮＨＫが必要である、との考えでしたが、一度ＮＨＫのテレビ放送を視聴しなくなると、ＮＨＫは必要ない、との考えに至り、今ではＮＨＫのテレビ放送を視聴することはあり得ません。

しかし、国家機関等及び大多数（平成30年受信料徴収率81・2％から算出すると1億200万人）の国民は、ＮＨＫのテレビ放送が必要であるとの考えであり、国家機関等は、法を制定することによってNHKの存続を守っています。ですが、そうであるにもかかわらず、国家機関等は、その運営資金の捻出については自ら考えず、その財源の捻出に関する権限については、法64条1項及び2項、3項を制定することによって、NHKに丸投げ委譲しているのです。

何れの事業においても、事業を運営継続していくには資金が必要であることは当然のことです。それはNHKも同じことであり、その運営資金となる財源がなくなれば、NHKが自然消滅することは目に見えています。ですが、それで困るのは1億200万の国民と国家機関等です。それで国家機関等としては、NHKが消滅するのを何としても防がねばなりません。ですが、NHKを存続させるためには莫大な運営資金が必要なのですが国家機関等はその財源の捻出方法については自ら考えることなく、その財源の捻出については、NHKにその権限を丸投げ委譲しているのです。

そして、その財源の捻出方法として、NHKが考えたのが、従来聴取料として徴収・使用していた聴取料金の徴収制度を継承した、現在の受信料金の徴収制度であり、平成26年6月に現在の受信規約を策定して以来この制度を採用した受信規約の受信料の徴収・使用制度による受信料金の徴収・使用を継続しているのです。

それでNHKは、現実に法64条1項と受信規約を法的な根拠として、平成30年度には

7122億円もの莫大な運営資金（個人の私有財産）を受信料の名目で、国民から直接徴収・使用しており、この資金がなくなればＮＨＫは自然消滅する訳ですが、平成30年度の81・2％という受信料の徴収率から考えれば、視聴者がゼロになるということも考えられませんし、また、財源が枯渇するということもないかと考えます。

ですが、この受信料の徴収・使用制度を規定している受信規約を策定しているのが、憲法の条項に制定の権限を有している国家機関等ではなく、憲法の条項に制定の根拠を有していないＮＨＫであるというところに問題があります。

2

それで、受信規約をＮＨＫが策定していることに「問題がある」としたことについては、平成29年最高裁判決においても指摘しているところですが、最高裁判決自身は、受信契約を締結することについて、「受信契約の締結を強制するに当たり、放送法には、その契約の内容が定められておらず、一方当事者たる原告（ＮＨＫ）が策定する放送受信規約によって定められることとなっている点は、問題となり得る（判決第２―１―〈１〉―ウ）。」と判示しながらも、その問題点の具体的なことについては何も論及しておらず、その問題点を克服する論理としては、法務大臣の意見論述であるその論述の、①受信料の料金額の決定については国会の承認を得ていること、②受信契約の契約条項が総務大臣の認可を受けていること、③放送法施行規則23条が定めている受信契約の締結方法、受信料の徴収方法、受信契約の単位等が「……受信規約に定められており適正である（判決第2－1－〈1〉－ウ）……」旨判示し、その結論として「……受信規約の各条項は、放送法に定められた原告（NHK）の目的にかなう適正・公平な受信料徴収のために必要な範囲内のものといえる（判決第2－1－〈1〉－ウ）。」として、NHKの立場においては、「受信料徴収のために必要な範囲内のものといえる。」と判示していますが、1億2600万国民の目線からは何も論及していないのです。

それで、「では、何故問題であるのか」と問われたとき、それはNHKが憲法の条項に制定の権限を有せず、憲法上においては国民個人とNHKは公平・平等の関係にあるということであり、そこで、さらに問題となるのが、憲法の条項に権限の根拠を有していないNHKが策定している受信規約に国民が法的に拘束され、NHKのテレビ放送を視聴しなくともNHKに受信料を支払うべき義務があるのか、という問題です。

このことについて、平成29年最高裁判決は、受信設備設置者が、NHKと受信契約を締結せず受信料の徴収を拒絶する場合においては、裁判の手続きによる受信契約締結の確定判決を得ることによってＮＨＫが受信料を徴収・使用することについては、ＮＨＫの放送を視聴するしないを問わず、「……憲法13条、21条、29条に違反するものではない（判決第２－２－〈４〉）……」と判示しています。

そして、最高裁の当該判決が、本当に憲法29条３項に抵触せず、同条１項に反しない判決であり、憲法理論上本当に憲法に反しない判決であったのか、と１億２６００万国民の立場から、憲法29条に目線を置いて検証したとき、１億２６００万の国民中１億２００万（受信料徴収率81・２％から算出）の国民は容認できたとしても、残りの２４００万の国民は、全く理解できないのです。

それで、何故理解できないのかを検証したとき、それは、一般社会通念上の不文律ともなっている利用者負担乃至は受益者負担の慣習法が定着していることからすれば、それは人としての必然的な道理であると考えます。つまり、ＮＨＫのテレビ放送を視聴しない者は、ＮＨＫのテレビ放送を利用しているものでもなく、また、ＮＨＫのテレビ放送から受けるべき利益は何もなく、ＮＨＫに対する負うべき法的責任（負荷）が何も生じていないからなのです。

よって、ＮＨＫは、ＮＨＫのテレビ放送を視聴している１億２００万の国民から受信料を徴収・使用することについては、法的、道義的にも許されるとしても、残りの

２４００万国民中の無断視聴者を除き、ＮＨＫのテレビ放送を視聴しない国民から受信料を徴収・使用することは、法的、道義的にも許されるものではなく、憲法29条にも反するものでもあると考えます。よって、平成29年最高裁判決を２４００万の国民の立場から、憲法29条に目線を置いて検証したとき、当該判決が同条項に反する判決であることは明白であると考えます。

第6　法64条1項に関する検証

既に検証していますが理解を深めるために本条1項について再度詳細に検証します。

1 本条1項が規定する、用語の検証について

本条1項は、「**協会**の**放送**を受信することのできる**受信設備**を**設置した者**は、協会とその放送の受信についての**契約**をしなければならない。ただし、放送の受信を目的としない受信設備又はラジオ放送（音声その他の音響を送る放送であって、テレビジョン放送及び多重放送に該当しないものをいう。第百二十六条第一項において同じ。）若しくは多重放送に限り受信することのできる受信設備**のみ**を設置した者については、この限りでない。」

と、表記・規定しています。それで、本条項に記した傍線部の用語について再度検証します。

①**協会**について

既に検証していますが、協会とは、NHK（日本放送協会）のことであり、総務大臣が認可した公共放送事業を運営する公共企業体とされています。

②**放送**について

これも既に検証していますが、本条1項が**規定する放送**には、ラジオ放送、テレビ放送、多重放送がありますが、本条1項が**保護している放送**は、NHKのテレビ放送**のみ**であり、NHKのテレビ放送以外の民放テレビや、NHKのラジオ放送、NHKの多重放送を保護の対象としているものではありません。よって、テレビ等に限って検証すれば、NHKのテレビ放送を受信することのできるテレビ等Aは、本条1項が**規制**する**受信設備**（受信契約の締結を必要とする受信設備〈以下同じ〉）となりますが、NHKのテレビ放送を受信しないテレビ等Bは、本条1項が規制する受信設備には該当しません。受信設備の詳細は次項③において検証します。

③受信設備について

つまり、本条1項が規定する放送には、ラジオ放送、テレビ放送、多重放送があり、本条1項が**規定**する受信設備には、放送の受信を目的としない受信設備（無線電信・電話受信機等）と、放送の受信を目的とする受信設備（ラジオ、テレビ等、多重放送受信設備）がありますが、本条1項が**規制**する受信設備は、本条1項の「ただし」書き以下において、「ただし、放送の受信を目的としない受信設備又はラジオ放送（音声その他の音響を送る放送であって、テレビジョン放送及び多重放送に該当しないものをいう。第百二十六条第一項において同じ。）若しくは多重放送に限り受信することのできる受信設備**のみ**を設置した者については、この限りでない。」と表記し、放送の受信を目的としない受信設備、ラジオ放送**のみ**を受信する受信設備（ラジオB）、多重放送**のみ**を受信する多重放送受信設備（多重受信機B）については、その文末において、「……、この限りでない。」と規定し、NHKとの受信契約の締結をする必要がないとして、受信契約の締結義務から明確に除外した規定としていますので、この種の受信設備の設置者については、受信契約の締結をする必要がないということになります。

それで、NHKと受信契約の締結をする必要がある受信設備の設置者は、テレビ放送を受信することのできる受信設備の設置者のみということになりますが、本条1項は、その文頭において、「協会の放送を受信することのできる受信設備を設置した者は、……しなければならない。ただし、……この限りでない。」と表記して、NHKと受信契約の締結をしなければならない受信設備の設置者については、NHKの放送を受信することのできる受信設備の設置者に限定した規定としていますので、本条1項の文頭の規定と、文末の規定を連動した規定として検証すると、本条1項が**規制**する**受信設備の設置者**は、NHKのテレビ放送を受信することのできる受信設備（テレビ等A、ラジオA、多重受信機A）の設置者**のみ**ということになります。

それで、本条1項から解されることは、NHKのラジオ放送を受信するラジオであってもNHKのテレビ放送を受信しないラジオBと、NHKの多重放送を受信する多重放送受信設備であってもNHKのテレビ放送を受信しない多重受信機Bの設置者については、受信契約の締結をする必要がないということになります。

ですが、本条1項においては、NHKのテレビ放送を受信しないテレビ等Bの設置者のことについては、何も規定・表記しておらず、受信契約の締結を必要とする規定ともしていませんので、NHKのテレビ放送を受信しないテレビ等Bの設置者については受信契約の締結をする必要がないということになります。

つまり、本条1項は、同条1項が規制する受信契約の締結を必要とする受信設備の設置者については、ＮＨＫのテレビ放送を受信することのできるテレビ等Ａ・ラジオＡ・多重受信機Ａの設置者に限って、受信契約の締結を必要とする規定とはしていますが、ＮＨＫのテレビ放送を受信しないテレビ等Ｂ・ラジオＢ・多重受信機Ｂの設置者については、受信契約の締結を必要とする規定とはしていませんので、テレビ等Ｂ、ラジオＢ、多重受信機Ｂの設置者については受信契約の締結をする必要がないということになります。

よって、ＮＨＫのテレビ放送を受信することのできるテレビ等Ａ・ラジオＡ・多重受信機Ａの設置者については、本条１項が表記・規定する文面を検証する限りにおいては、ＮＨＫと受信契約の締結をする必要があるということになりますが、ＮＨＫが策定している受信規約においては、ＮＨＫと受信契約の締結を必要とする受信設備の設置者については、本条１項が規制する「受信設備」を「受信機」と言い換えて定義し、ＮＨＫと受信契約の締結を必要とする受信設備の設置者については、ＮＨＫのテレビ放送を受信することのできるテレビ等Ａに限って適用する契約条項としていますので、現実にＮＨＫと受信契約の締結をする必要があるのは、テレビ等Ａの設置者**のみ**に限定されるということになります。

それで、テレビ放送を受信することのできるテレビ等であってもＮＨＫのテレビ放送を受信しないテレビ等Ｂの設置者については、本条１項が規制する受信設備の設置者には該当しませんので、ＮＨＫとの受信契約の締結は必要ないということになりますが、テレビ等Aであれば、映像だけを受信するもの、音声だけを受信するものも本条1項が規制する受信設備に該当するとの見解です。

よって、一般的にはスマホやカーナビ、携帯電話もNHKのテレビ放送を受信することができますので、これらの受信設備の設置者については、本条1項が規制するテレビ等Aの設置者に該当することから、この種の受信設備の設置（保有）者もNHKと受信契約の締結が必要ということになります。

ですが、NHKのテレビ放送を受信しないテレビ等Bは本条1項の規制の対象とはなりませんが、一般的に国民がテレビ等Bを選択・設置することは不可能です。

そして、既に記しているとおり、本条1項が規制する受信設備のことを、NHKが策定している受信規約では、その第1条2項において、「**受信機**（家庭用受信機、携帯用受信機、自動車用受信機、共同受信用受信機等で、NHKのテレビジョン放送を受信することのできる受信設備をいう。以下同じ。）」と表記・定義し、本条1項が**規制**する**受信設備**のことを**受信機**と言い換えて定義していますが、このことは受信契約時の受信契約**数**（**受信料金**）に大きく影響してくるとともに、受信設備を受信機と言い換えることによって、受信契約を締結するに際し、より多くの受信料金を徴収する狙いがあるのと、国民がNHKの放送を受信しないテレビ等Bに関する発想が及ばないようにする狙いがあるのではないかと考えます。

つまり、本条1項が規制している受信設備のことを受信機と言い換えて定義することによって、一々「協会のテレビ放送を受信することのできる受信設備」と表記する必要がなく、また、受信設備を受信機と言い換えて表記することにより、個々のテレビ等をそれぞれ個々の受信機と捉えて数値化することによって、テレビ等の設置台数に応じた受信契約が可能となり、より多くの受信料金の徴収・使用が可能となるからであると考えます。

ですが、受信設備と表記すれば、病院やホテル等の一つの施設にテレビを何台設置しても、一つのアンテナと一つの電源をそれぞれ同系列のアンテナ線と同系列の電線で継続して連結するために、受信設備としては一つの施設内の一つの受信設備として、受信契約数も一つの受信契約（受信料金）となるからである、と考えます。

④**設置した者**について

本条1項が規制する**設置した者**とは、NHKのテレビ放送を受信することのできるテレビ等Aやラジオ A、多重受信機Aを視聴可能な状態にして設置した者のことであり、よってこの種の受信設備を視聴可能な状態にして設置した者であれば、**設置した者**に該当します。

一般的には、テレビ本体にアンテナをアンテナ線で接続し、電気を供給できる状態にして、テレビ本体の電源スイッチを入れ、映像や音声が出て、NHKのテレビ放送を受信可能な状態として設置した者が、本条1項の**設置した者**に該当するとの見解です。よって、設置するために倉庫に保管中の受信設備や長期間放置したままの受信設備については、直ちに受信できないような状態であれば設置した者には該当しないとの見解ですが、テレビ放送を受信可能な状態としていれば設置した者に該当するとの見解です。

それで、NHKのテレビ放送を受信することのできるワンセグテレビやスマホ、カーナビ、携帯電話等でアンテナ直結型や内蔵型のものについては、電源スイッチを入れ、テレビ放送を受信可能な状態としていれば設置した者に該当します。ですが、この種の受信設備については、現実に保有している者、若しくは所有、所持している者が設置した者に該当するとの見解です。

また、設置した者の「**者**」には、**自然人**及び**法人**を含みます。

既に記していますが、「**設置**」に関することについては、NHKの受信規約の契約条項においても規定しており、受信規約における受信契約上の**設置数**については、特に複雑になっており、受信規約中においては、受信設備を受信機と言い換えて定義することによって、病院やホテル等の施設へ設置した場合と、一般家庭の家屋（施設）に設置した場合とでは受信契約数が大きく異なります。

受信規約においては、テレビ等Aを受信機と換言し、例えば、病院やホテル等の施設に設置した場合、一つのホテル（施設）に１０１台のテレビAを設置した場合には、１台目については一つの契約数とし、２台目以上については1台について０・５の契約数としているので51の受信契約数として、51台分の受信料金を徴収・使用するとし、一般家庭の家屋（施設）に設置した場合は、一つの家屋（施設）に１０１台設置しても一つの受信契約数であり、１台分の受信料金としています。

ですが、病院やホテル等の施設の設置者については、リース契約で設置している場合がありますので、誰が設置者に該当するかについては、その実質的利益を誰が得ているのか等のことを総合的に判断して決めることになるかと考えます。

それで、平成29年最高裁判決ですが、ＮＨＫが策定している受信規約では、受信契約の対象とする受信設備（テレビ等Ａ）を受信機と言い換えて定義し、受信契約の締結を必要とする者についてはテレビ等Ａの設置者に限り適用される受信契約の契約条項としているにもかかわらず、当該判決では、「原告（ＮＨＫ）の放送を受信することのできる受信設備（以下、単に「受信設備」ということがある。）（判決第１－１）」と判示し、また、「原告（ＮＨＫ）の放送を受信することのできる受信設備を設置した者（以下「受信設備設置者」という。）（判決第1－2－〈1〉－エ）」と判示し、本条1項が、NHKのテレビ放送のみを受信することのできる受信設備（テレビ等A・ラジオA・多重受信機A）の設置者のみをその規制の対象とし、加えて、NHKの受信規約ではさらにその規制の対象を絞ってテレビ等Aの設置者に限って受信契約の対象としているにもかかわらず、当該判決は、「……現実に原告（NHK）の放送を受信するか否かを問わず、受信設備を設置することにより原告（NHK）の放送を受信することのできる環境にある者に広く公平に負担を求めることによって、原告が上記の者（受信設備設置者）ら全体により支えられる事業体であるべきことを示すものにほかならない（判決第2－1－〈1〉－ア）。」と判示し、NHKのテレビ放送、ラジオ放送、多重放送を受信するか否かを問わず、放送を受信することのできる受信設備設置者は、「NHKに受信料を負担する義務がある。」とする趣旨の判示をし、NHKの放送を受信しないテレビ等B・ラジオB・多重受信機Bの設置者であってもNHKに受信料を負担する義務がある（受信契約の締結義務がある）とする趣旨の判示をしているのです。ですが、当該判示の論理は、論理そのものが矛盾していますので詳細は第三章で検証します。

⑤契約について

契約を辞書で引くと、二人以上の当事者の意思表示の合致によって成立する法律行為と記されており、法律によって定義付けされたものではありませんが、契約そのものは、契約をする、しないの自由を含め、一般社会通念上においては不文律の慣習法として、歴史的にも当事者の意思表示の合致（合意）によってのみ成立する法律行為とされており、当事者の合意がない限り契約が成立することはなく、詐欺や脅迫によって締結した契約は民法によって取り消すことができるとされています。

ですが、本条1項では、契約について、「協会の放送を……**契約**をしなければならない。ただし、……この限りでない。」と規定していますので、テレビ等Aの**設置者**は、その**意思表示の合致**の有無にかかわらず、NHKと受信契約の締結をしなければならないことになり、本条1項が表記した文面どおりに検証すれば慣習法上の契約の自由の原則に反したかのような規定としています。ですが、本条1項が、その文頭に「協会の放送を……」と明記していますので、必ずしも契約の自由の慣習法の原則に反した規定をしているものではありません。

つまり、契約の自由が一般社会通念上の慣習法ともなっているが故に、本条1項は、その文頭に敢えて「協会の放送を……」と表記・規定することによって、NHKと受信契約を締結する以前の問題として、ＮＨＫと受信契約の締結をしないのであれば、それは、ＮＨＫのテレビ放送を受信しないテレビ等Ｂを選択・設置すべきであるとして、国民がテレビ等Ｂを選択・設置する自由を規制しない規定とすることによって、契約の自由を保障した規定とし、当該慣習法の原則を踏襲した規定としているのであると考えます。

しかし、平成29年最高裁判決においては、本条1項の「契約」を解釈するについて、「……受信契約の成立には双方の意思表示の合致が必要というべきである（判決第２－１－〈1〉－イ）……」と判示しながらも、受信契約を締結しない者については、「……受信設備設置者が承諾をしない場合には、原告（ＮＨＫ）がその者に対して承諾の意思表示を命ずる判決を求め、その判決の確定によって受信契約が成立する（判決第２－１－〈２〉）」と判示する等、極めて理解し難い解釈をしており、その解釈には大きな疑問が残りますので、詳しくは第三章で検証します。

２ 本条1項が規定する受信設備と受信契約の強制について

(1)　既に検証した論理と重複しますが、本条1項は、ＮＨＫと受信契約の締結を必要とする受信設備の設置者については、「**協会の放送**を受信することのできる**受信設備**を設置した者は、協会とその放送の受信についての契約をしなければならない。ただし、……この限りでない。」と表記し、NHKと受信契約の締結を必要とする受信設備の設置者については、NHKのテレビ放送を受信することのできるテレビ等A・ラジオA・多重受信機Aの設置者に限って、受信契約の締結をしなければならない、と明記した規定としています。

そして、NHKのテレビ放送を受信しないNHKのラジオ放送のみを受信するラジオと、NHKのテレビ放送を受信しないNHKの多重放送のみを受信する多重放送受信設備の設置者については、本条1項の「ただし」書き以下の文末において、「ただし、……この限りでない。」として、受信契約の締結義務から明確に除外した規定としていますので、ラジオBと多重受信機Bの設置者については受信契約の締結をする必要がありません。

ですが、テレビ等A・ラジオA・多重受信機Aの設置者については、受信契約の締結強制について明確な規定をし、ラジオB、多重受信機Bの設置者については、受信契約の締結義務のないことを明確に規定していますが、NHKのテレビ放送を受信しないテレビ等Bの設置者については、何も規定しておらず、また、テレビ等Bの設置者については受信契約の締結が必要であるとの規定をしているものでもないことから、本条1項が規制する受信設備の設置者には該当しないことになります。

それで、本条1項が表記・規定する受信設備について検証すると、本条1項が規定する受信設備には、本条1項が規制の対象とするNHKと受信契約の締結をしなければならないテレビ等A・ラジオA・多重受信機Aと、本条1項の規制の対象とはならないNHKのテレビ放送を受信しないテレビ等B・ラジオB・多重受信機Bが存在し、その両者の存在を前提とした規定として、そして、そのテレビ等A・ラジオA・多重受信機Aの設置者に限り、NHKと受信契約の締結をしなければならないとする規定としていることが検証できるかと考えます。

つまり、本条1項は、NHKと受信契約の締結をしなければならないその規制の対象とする受信設備の設置者については、NHKのテレビ放送を受信することのできるテレビ等A・ラジオA・多重受信機Aの設置者に限り、受信契約の締結を強制した規定としており、NHKのテレビ放送を受信しないテレビ等B・ラジオB・多重受信機Bの設置者については、NHKとの受信契約の締結を必要とする規定とはしていないことが検証できます。

ですが、現実にはテレビ等製造業者の人為的な不作為によってNHKのテレビ放送を受信しないテレビ等Bは製造されておらず、加えて、NHKが策定している受信規約は、NHKのテレビ放送を受信することのできるテレビ等A（受信規約上は受信機）を設置した者に限って適用する受信規約（契約条項）としていますので、現実にはテレビ等A以外の受信設備の設置者が受信契約の締結をする必要はないということになります。

(2)　それで、受信設備に関するＮＨＫの主張ですが、受信規約第1条2項において、法64条1項が規制する当該受信設備（テレビ等Ａ）を「**受信機**」と言い換えて定義し、受信規約の契約条項においてはテレビ等Ａに限り適用する契約条項としているにもかかわらず、大阪地裁堺支部の法廷におけるＮＨＫの主張は、本条1項が規制する受信設備について、「放送法64条1項は、ＮＨＫのテレビ放送を受信することのできる受信設備（テレビ等Ａ）と、そうでない受信設備（テレビ等Ｂ）の存在を前提としているものではなく、テレビ放送を受信することのできる受信設備（テレビ等Ａとテレビ等Ｂ）を設置した全ての設置者が、ＮＨＫと受信契約の締結をしなければならない規定としている。」と主張し、私の主張に反論していたのです。

ですが、大阪地裁堺支部における審理中の平成29年12月6日、最高裁が平成29年最高裁判決を出したのですが、最高裁はその判決において、「原告（ＮＨＫ）の放送を受信することのできる受信設備を設置した者（以下「受信設備設置者」という。）（判決第1－2－〈1〉－エ）」と判示し、ＮＨＫのテレビ放送を受信しないラジオＢ・多重受信機Ｂの設置者にあっても受信契約の締結が必要であるとする内容で、「放送法64条1項は、受信設備設置者に対し受信契約の締結を強制する旨を定めた規定であり（判決第2－1－〈2〉）」と判示し、ＮＨＫのテレビ放送を受信することのできるテレビ等Ａ・ラジオＡ・多重受信機Aの設置者のみだけでなく、NHKのテレビ放送を受信しないNHKのラジオ放送のみを受信するラジオBや、NHKのテレビ放送を受信しないNHKの多重放送のみを受信する多重受信機Bの設置者であっても受信契約の締結義務がある旨を判示し、NHKの主張と同趣旨の判示をしたが故に、大阪地裁堺支部もNHKの主張を支持し、私の主張を棄却したのです。

(3) それで、大阪高裁へ控訴したのですが、大阪高裁も大阪地裁堺支部の判決を支持し、私の主張を棄却しました。

ですが、本条1項が規定する受信設備をテレビ等に限って検証すると、本条1項が、敢えて、「協会（NHK）の放送を受信することのできる受信設備（テレビ等A）を設置した者は、……その放送の受信についての契約をしなければならない。ただし、……この限りでない。」と表記・規定していることは、法（国会）自身が、一般社会販売市場にNHKのテレビ放送を受信しないテレビ等Bが流通・存在していないことを認識し、テレビ等製造業者によってテレビ等Bが製造される可能性を否定できなかったが故に、敢えて、NHKと受信契約の締結を必要とするそのテレビ等の設置者を、NHKのテレビ放送を受信することのできるテレビ等Aの設置者に限定した規定としたのであると考えます。

そして、このことは、本条1項（旧32条1項）に関する解釈をするについて、平成22年

6月29日の東京高裁判決においても「……被控訴人（NHK）の放送を受信することができる受信設備（テレビ等A）を設置せず、契約をしない自由もあるのであって、……」と判示しているとおり、NHKの放送を受信しないテレビ等Bの存在を前提とした判決を出していることからしても理解できるかと考えます。

また、本条1項を制定するに際して、NHKのテレビ放送を受信することのできる**テレビ等A**であるのか、そうでない**テレビ等B**であるのか否かを問わず、受信設備の設置者がNHKと受信契約の締結をしなければならないとした規定としたのであれば、本条1項を「**テレビジョン**放送を受信することのできる受信設備を……」と表記するか、若しくは、単に「放送を受信することのできる受信設備を……」と表記したはずであり、本条1項の文頭に「**協会**の放送を……」と、敢えて「協会」の二文字を表記していることからしても、本条1項がNHKのテレビ放送を受信することのできるテレビ等Aと、NHKのテレビ放送を受信しないテレビ等Bの存在を想定し、その存在を前提とした趣旨の規定であることは明白であると考えます。

さらに言えば、本条1項を「**テレビジョン**放送を受信する……」、若しくは「放送を受信する……」と表記した規定とすれば、NHKと全く関係のない、NHKのテレビ放送を受信しないテレビ等Bの設置者に対しても、NHKとの受信契約の締結を強制することであり、そうであるとすれば、国民生活に浸透した一般社会通念上の不文律の慣習法ともなっている契約の自由の原則を法（国会）によってねじ曲げることになり、さらには、NHKと全く関係のないテレビ等Bの設置者から、受信料の名目でNHKが国民個人の私有財産（お金）を強制的にでも徴収・使用することでもあって、NHKが徴収・使用するその受信料（私有財産）が元々**正当な補償**を伴うものではないこと等を合わせて検証したとき、利用者負担乃至は受益者負担の慣習法の原則にも反することでもあり、そして、これらのことを総合的に判断し、憲法29条に目線を置いて検証したとき、当該条項に反することも考えられたことから、本条1項の文頭に敢えて「**協会**の放送を……」と、「協会」の二文字を表記することによって、契約の自由や利用者負担乃至は受益者負担の慣習法の原則を踏襲することによって憲法29条に反することを**回避した**規定としたものであると考えます。

(4) そして、平成29年最高裁判決においては争点とはなっていませんでしたが、この論理についてはもう一つ重要な意味が含まれています。

つまり、テレビ等に限って検証すれば、本条1項が「協会（NHK）の放送を受信することのできる受信設備（テレビ等A）を設置した者は、……しなければならない。ただし、……この限りでない。」と、その規制する受信設備の設置者を、NHKのテレビ放送を受信することのできるテレビ等Aの設置者に限定した規定とすることによって、国民がテレビ等を選択・設置するにおいて、当該国民の自由意思を尊重し、そして、その自由意思によってNHKのテレビ放送を受信することのできるテレビ等Aを選択・設置したとすれば、それは、その国民の自由意思によってテレビ等Aを選択・設置したのであるから、当該テレビ等Aを設置した者は、憲法の条項に制定の権限を有せず憲法の条項に根拠を有しないNHKが策定した受信規約の契約条項によってでも受信契約を締結しなければならないとした、**国民の自由意思を尊重**した**直接強制の規定**としたものでもあると考えます。そして、このように解することが最も自然であり、無理のない論理であるとも考えます。

つまり、本条1項が「協会（NHK）の放送を受信することのできる受信設備（テレビ等A）を設置した者は、……受信についての契約をしなければならない。ただし、……この限りでない。」と表記し、その規制の対象とする受信設備の設置者を、NHKのテレビ放送を受信することのできるテレビ等Aの設置者に限定した規定としたことは、テレビ放送を受信することのできる受信設備には、放送法上、NHKのテレビ放送を受信することのできるテレビ等Aと、そうでないテレビ等Bの両者の受信設備が存在することを想定し、そして、そのことを前提としてNHKのテレビ放送を受信することのできるテレビ等Aを選択・設置した国民は、その選択・設置したその国民の自由意思によってNHKのテレビ放送を受信することのできるテレビ等Aを選択・設置したのであるから、それは当然にNHKが策定した受信規約の契約条項によってでも受信契約を締結しなければならないとした**直接強制の規定**としたのであると考えます。

(5) それで、平成29年最高裁判決においても本条1項の受信契約の規定が強制力を伴う**強制の規定**であるのか、単なる任意の**順守規定**であるのか、といったことについては、その争点の一つとなったところですが、平成29年最高裁判決においては、この点について、本条1項の規定を解釈するについて、「放送法64条1項は、受信設備設置者に対し受信契約の締結を強制する旨を定めた規定であり（判決第2－1－〈2〉）……」と、受信契約の締結を強制した規定であると判示したものの、直接強制の規定であるとの論理を論じないで、その受信契約を有効にするには、「……原告（NHK）からの受信契約の申込みに対して受信設備設置者が承諾をしない場合には、原告がその者に対して承諾の意思表示を命ずる判決を求め、その判決の確定によって受信契約が成立すると解するのが相当である（判決第2－1－〈2〉）。」とした、裁判による法的手続きを経て初めて受信契約が成立すると判示し、当該受信契約に関する本条1項の規定については、**間接強制の論理**を適用したのです。

ですが、前述のとおり、平成29年最高裁判決の当該間接強制の論理は極めて歪《いびつ》であり、何とも理解し難い不自然な論理であって極めて強い疑問が残るとともに、ＮＨＫのテレビ放送を視聴し得ない者からでもＮＨＫが受信料を強制的にでも徴収・使用することを無理に合憲化した極めて歪で難解な論理であると考えます。

第7　受信規約に関する検証

次に、ＮＨＫが策定している受信規約について検証します。

1

法律や政令、両議院や最高裁の規則、地方自治体の条例は憲法の条項に制定の根拠があり、憲法上の権限を有し、国民に対して法的拘束力を有します。ですが、ＮＨＫが策定している受信規約の制定の根拠は、法64条2項・3項にありますが、その制定の法的根拠が憲法上の根拠ではなく、憲法上の権限を有しているものではないということです。

それで、ＮＨＫ及びＮＨＫが策定している受信規約が憲法の条項に法的根拠を有していない以上、当該受信規約に国民を法的に拘束する**法的拘束力**があるのか、といった法的拘束力の問題が生じます。ですが、平成29年最高裁判決はこの点についても明確な論理を展開していないのです。

それで、平成29年最高裁判決ですが、当該判決が受信規約について出したその論理は、受信規約の内容（契約の条項）そのものに関する有効性については、「……原告（ＮＨＫ）が策定する放送受信規約によって定められることとなっている点は、問題となり得る（判決第２－１－〈１〉－ウ）。」と判示しながらも、「……同法（放送法）の目的を達成するのに必要かつ合理的な範囲内のものとして、憲法上許容されるというべきである（判決第２－２－〈３〉）。」と判示しているのですが、受信規約そのものに関する憲法上の**法的有効性**や**法的拘束力の有無の論理**については全く論じていないのです。

それで、ＮＨＫが策定している受信規約の法的拘束力の有無について、大阪地裁堺支部において、「ＮＨＫ及びＮＨＫが策定している受信規約は憲法の条項に法的根拠を有しているものではなく、よって、受信規約は国民に対する法的拘束力を有しない。」と主張していたところ、同支部における判決においては、「受信契約の内容が被告（ＮＨＫ）の策定した受信規約によって定まるものであるが、受信契約は、そもそも被告（ＮＨＫ）と放送を受信することのできる受信設備を設置した者との間で締結される**私法上の契約にすぎない**から、契約内容が受信規約によって定まるとしても、……憲法上の直接の根拠を要す

ると は解されない。」と判示し、受信規約の契約条項が受信契約の締結を強制し、国民から受信料を強制的に徴収・使用するとしている契約条項としているにもかかわらず、憲法上の根拠を必要としないと判示したのです。

　ですが、大阪地裁堺支部が判示するように、受信契約が私法上の契約にすぎない、とするのであるとすれば、平成29年最高裁判決が「……任意に受信契約を締結しない者との間においても、受信契約の成立には双方の意思表示の合致が必要というべきである（判決第2－1－〈1〉－イ）」と判示しているように、契約は当事者双方が自由で、公平・平等の立場において当事者の合意のみによって成立するはずであり、何者によっても強制されることはなく、それが国民に対して強制力を伴うものであれば、憲法の条項に制定の根拠を有する法律、両議院及び最高裁の規則、政令、条例等に限定されるのであって、憲法の条項に根拠を有しない規則や規程、規約等のいかなる名目を問わず、国民を法的に拘束する法的強制力を有するものではないと考えます。

　つまり、NHKは、法によって総務大臣が認可した企業体であるとはいえ、憲法上において検証すれば一企業体であり、その一企業体が策定した受信規約がたとえ法64条2項及び3項によって、その契約の基準となる契約条項の策定を委任されたとしても憲法の条項に制定の根拠を有していない以上、国民を法的に拘束する法的拘束力を有するとは考えられませんし、ましてや、大阪地裁堺支部が、受信規約の契約条項による受信契約が、**私法上の契約にすぎない**、と判示していることからすれば尚更のことであると考えます。

そして、ＮＨＫ自身も受信規約そのものについては、「受信規約は、受信契約を締結するための約款である。」と大阪地裁堺支部において主張していますので、受信規約は一般的に言っている受信契約を締結するための契約者双方が合意をするための私的約款（契約の条件）であるといえますが、受信規約が私法上の私的約款である以上、契約を締結するにおいては、当事者の自由で、公平・平等の立場において、当事者の合意によってのみ当該契約を締結すべきであり、当事者の合意が得られない場合は当該契約が成立することはあり得ません。

しかし、ＮＨＫが策定している受信規約の契約条項はそうではないのです。ＮＨＫが策定している受信規約の契約条項は、契約の変更を認めない一方的、強制的な有料の受信契約の締結に限定した契約の条項とし、ＮＨＫのテレビ放送を受信することのできるテレビ等Ａを設置した全ての国民に対して、一方的、強制的に有料の受信契約に限定した契約の締結を強制するとともに、ＮＨＫのテレビ放送を視聴しない者からであっても受信料を強制的にでも徴収・使用するとした契約の変更を認めない契約条項としているのです。

2

大阪地裁堺支部は、この受信規約の契約条項に基づく受信契約の法的強制力については、「私法上の契約にすぎないから憲法上の根拠を要するとは解されない。」と判示して、受信規約の契約条項に基づく受信契約が法的な強制力を有するとしながらも、その一方では、私法上の契約（任意の自由な契約）にすぎない、と判示する等何とも矛盾した判示をしているのです。

法的な強制力を有するとしながらも、憲法上の根拠規定がないことについては、

そして、受信規約を確認すると、ＮＨＫのテレビ放送を受信することのできるテレビ等Ａを設置した全ての国民に対し、契約の変更を認めない一方的、強制的な有料の受信契約に限定した契約条項によって、テレビ等Ａ（受信規約上は受信機）を設置した者については、当該国民が受信契約を締結しなくとも、テレビ等Ａを設置したことによって、一方的、強制的に受信契約の締結をしたものとし、ＮＨＫのテレビ放送を視聴しない者からであっても一方的、強制的に受信料を徴収・使用する契約条項とするとともに、当該受信料も全国一律の受信料であり、ＮＨＫのテレビ放送を受信することのできるテレビ等Ａの設置者については、受信規約において受信料の徴収を免除している者以外の者については、例外

なく契約の変更を認めない一方的、強制的に有料の受信契約の締結をしなければならないとする契約条項とし、NHKのテレビ放送を視聴しない者からであっても受信料を強制的にでも徴収・使用するとする契約条項としているのです。

それで、問題となるのが、たとえ、法64条1項が、NHKのテレビ放送を受信することのできるテレビ等Aの設置者に対して、受信契約の締結を強制する規定をしたとしても、テレビ等製造業者の人為的な不作為によってテレビ等Bが製造されず、国民がテレビ等Bを選択・設置できない現状において、法64条2項及び3項が受信契約の基準となる契約条項の策定をNHKに丸投げ委任したとしても、契約の変更を認めない有料の受信契約に限定した契約条項によって、一方的、強制的に受信契約を締結し、NHKのテレビ放送を視聴しなくとも受信料を強制的にでも徴収・使用するとしている受信規約の契約条項が、憲法理論上、国民を法的に拘束する法的拘束力を有するのかといった極めて重大な憲法理論上の問題が極自然に生じます。

テレビ等Bが一般社会販売市場に流通し、国民がテレビ等Bを選択・設置する選択の自由があるのであれば、現在NHKが策定している受信規約の契約条項であっても全く問題はないと考えます。ですが、テレビ等Bが一般社会販売市場に流通存在せず、やむを得ずNHKのテレビ放送を受信することのできるテレビ等Aを設置しなければならない現状において、現在の受信規約の契約条項によって受信契約を強制的に締結し、ＮＨＫのテレビ放送を視聴しない者からでも受信料を強制的にでも徴収・使用するとしていることについては、憲法29条の問題が生じることは憲法理論上当然のことであると考えます。

3

そして前記のような重大な問題がある中、全国一律の受信料についても問題であると考えます。

受信料は、平成29年1月現在、月額１２６０円（地上契約クレジット払い）と１３１０円（振込支払い）としていますが、この受信料については、平成29年最高裁判決は、「……必要かつ合理的な範囲内のもの（判決第２－２－〈３〉）……」と判示し、大阪地裁堺支部も同様の判決をし、その受信料の金額を容認した判決をしています。ですが、最低賃金時給最低額（熊本県、宮崎県、鹿児島県等）７３７円（平成29年10月現在）の労働者に目線をおいて金銭的負担の公平性の論理で検証したとき、時給７３７円の者も年収数億円の者も同じ受信料とすることについては、経済的な大きな負担の差が生じ、所得税・法人税が累進課税方式を採っていることからすれば著しく不公平であると考えます。特に、受信料負担の公平性については、ＮＨＫが受信契約を締結する際の方針として公言していることからすれば、全国一律的な受信料の金額については理解できるものではありません。ですが、ＮＨＫのテレビ放送を視聴する者のみが、受信料を支払う制度とすれば、ＮＨＫのテレビ放送を視聴することを前提として受信契約を締結するのですから前記のような不公平の論理が生じることは全くないのであり、法64条1項及び2項・3項の制定趣旨も前記のような論理に基づくものでもあると考えます。

そして従来、ＮＨＫは、法64条1項と受信規約を根拠として受信契約の締結を強引に迫っていましたが、平成29年最高裁判決が出たことによって、逆に従来のような強引な受信契約の締結はできないようになりました。

ＮＨＫは、平成29年最高裁判決が出るまでは、法64条1項と受信規約を根拠として、受信契約の締結を強引に迫っていました。ですが、平成29年最高裁判決は、受信契約を締結するにおいては「……業務内容等を説明するなどして、受信契約の締結に理解が得られるように努め（判決第2－1－〈1〉－イ）……」と判示し、さらに、「……受信契約の成立には双方の意思表示の合致が必要というべきである（判決第2－1－〈1〉－イ）。」とも判示していますので、従来のような強引な方法での受信契約はできないようになったのです。

ですが、平成29年最高裁判決は、ＮＨＫのテレビ放送を受信することのできるテレビ等

Aを設置し、受信契約の締結をしない被告（国民）に対して、「……原告（NHK）がその者（国民）に対して承諾の意思表示を命ずる判決を求め、その判決の確定によって受信契約が成立すると解するのが相当である（判決第2－1－〈2〉）。」と判示し、裁判の手続きによる判決の確定によって受信契約を成立させることにより、NHKが受信料を徴収・使用することについては、NHKの放送を視聴するしないを問わず、当該国民のその意に反する受信料の徴収・使用であっても「……憲法13条、21条、29条に違反するものではない（判決第2－2－〈4〉）……」と判示したのです。ですが、この「憲法29条に違反するものではない」とする判示が本当に憲法29条に反しないのか極めて強い疑問が残るところです。

それで、テレビ等Aを設置した国民が、NHKのテレビ放送を視聴していないと称して受信契約の締結に応じない場合において、如何にしても受信契約の締結を求めるとするのであれば、それは、NHKが裁判を提起する外はないのですが、裁判を提起されれば平成29年最高裁判決が変更されない限りNHKが敗訴することはないと考えます。

4

ところで、同じ論理の繰り返しになりますが、憲法29条3項は「私有財産は、正当な補償の下に、これを公共のために用いることができる。」と明記しています。よって、同条3項に目線を置いてＮＨＫが徴収・使用する受信料について検証したとき、最高裁の当該判決が本当に当該条項に抵触しない判決であるのか、極めて強い疑問が残るところです。

ＮＨＫは、法64条1項と受信規約を根拠として、受信料の名目で国民から**お金**（私有財産）を直接徴収・使用しているのですが、その受信料（**お金**）を徴収・使用するにおいては、元々**正当な補償**をしているものではなく、憲法29条3項が、私有財産を公共のために使用することについて、**正当な補償**の保障を明記している以上、それが如何なる目的であり、如何に財政上の逼迫性があるからといっても、当該国民のその意に反する私有財産を、**何らの補償もなし**に**税金**以外の名目や形で徴収・使用することについては、憲法29条3項に抵触し、同条1項が厳しく禁止しているものであることは明白であると考えます。

よって、平成29年最高裁判決が判示するように、たとえ裁判による適正・適法な手続きによって、合法的に受信料を徴収・使用する手続きをもってしても、法律を根拠として一方的、強制的に徴収・使用するＮＨＫの受信料は、究極的には公共のために使用するものであり、そうであるとすれば正当な補償をしないものである以上憲法29条3項に抵触し、同条1項が厳しく禁止していることは、当該条項が明記する文面を検証すれば明白であると考えます。

なお、国民健康保険や国民年金は、強制的に徴収しているものでありますが、その裏付けとして医療費や年金の給付といった形で明確に補償していますので、憲法29条の問題が生じることはないと考えます。

また、仮の論理は適当ではありませんが、仮に、NHKが法律に基づく公共性の特殊法人ではなく、単なる私的一企業体であるとすれば、当該国民のその意に反して受信料の徴収・使用を強制することは、NHKが法を矛《ほこ》（ナイフ）として国民の私有財産を受信料の名目で喝取若しくは騙取しているのと同じであって、正に法に基づく刑法上の恐喝であり、詐欺であって刑法上においても許される行為ではない、との論理も成り立ちます。ですが、最高裁は、このようなNHKの受信料の徴収・使用であっても「憲法13条、21条、29条に違反するものではない」とする判決を出したのです。

前述のように平成29年最高裁判決は、NHKが徴収・使用する受信料について、NHKのテレビ放送を視聴し得ないテレビ等Bの設置者であっても、NHKと受信契約を締結し、受信料の負担に応じなければならないとする趣旨の判示をしているのですが、この判示については、法64条1項及び2項・3項の規定を解釈するについてその解釈に誤りがあることは明白であると考えます。

5

また、平成29年最高裁判決は、契約の自由や、利用者負担乃至は受益者負担が一般社会通念上に定着している慣習法の論理についても全く触れることなく判決を出しているのですが、この慣習法の論理を論述していないことについても全く理解できません。

つまり、法64条1項は、NHKのテレビ放送を受信することのできるテレビ等Aの設置者に対しては受信契約の締結を強制した規定としており、その2項においては、受信契約の締結をした者からの受信料の徴収・使用については、その徴収・使用を容認した規定とはしていますが、受信契約の締結をしていない者からの受信料についてまでも徴収・使用することを容認する規定としているのではないのです。

ですが、NHKの受信規約は、NHKのテレビ放送を受信することのできるテレビ等Aを設置し、受信契約の締結をしない者からでも受信料の徴収・使用が可能であるとする契約条項としているのですが、当該NHKが策定した受信規約が憲法の条項に根拠を有していないとしても、法64条1項が受信契約の締結を強制しているのですから、受信規約の契約条項によって受信契約の強制締結は可能であるにしても、ＮＨＫのテレビ放送を視聴しない者からでも受信料を強制的にでも徴収・使用するとしていることについては、憲法29条に目線を置いて検証したとき、同条項に反した契約条項であることは明白であると考えます。

ですが、平成29年最高裁判決は、このような受信規約の契約条項であっても、受信規約の内容は「……合理的な範囲内のものとして、憲法上許容されるというべきである（判決第２－２－〈３〉）。」と判示しているのです。

ですが、平成29年最高裁判決の前記のような論理の判示は、一般社会通念上において定着している契約の自由や、利用者負担乃至は受益者負担の慣習法の原則に目線を置いて検証したとき、全く理解できるものではないのです。

それで、契約の自由や、利用者負担乃至は受益者負担の慣習法の原則を適用すれば、すべて納得できることであり、また、法64条1項及び2項・3項の規定そのものも、この慣習法の原則を踏襲した規定であるとの論理を展開すれば、何の抵抗もなく全て理解できるところです。

つまり、テレビ等Ａを設置した者がＮＨＫと受信契約の締結をしないとしても、法64条

1項が受信契約の締結を強制しているのですから、テレビ等Aの設置者は、受信契約は必ず締結しなければならないのであり、受信契約の締結を拒否するのであれば、それはテレビ等Bを選択・設置すべきなのです。ですが一般社会販売市場にテレビ等Bが流通存在していない現状からすれば、国民がテレビ等Aを設置したとしても、それはやむを得ない選択肢であって、テレビ等Aを設置する外はその選択肢がないのです。ですが、NHKは、大阪地裁堺支部の公判における主張では、「受信料の徴収に応じないのであれば、受信設備（テレビ）を廃止する外はない。」とまで主張しており、NHKのこのような主張の論理は、憲法が保障する基本的人権の尊重を無視した主張であって憲法理論上においても到底許されるものではありません。

それで、NHKが策定すべき受信規約の契約条項は、契約の自由や、利用者負担乃至は受益者負担の慣習法の原則を遵守した法64条1項及び2項・3項の制定趣旨に沿った受信契約の契約条項とすべきであることは、憲法理論上においても極めて当然の道理であると考えます。

つまり、法64条1項及び2項・3項そのものの制定趣旨からすればNHKが策定すべき受信規約の契約条項は、NHKのテレビ放送を視聴しない者やNHKのテレビ放送を無断で視聴している無断視聴者であっても、受信契約の締結に応じるような契約条項とすべきであることは、同条1項の制定趣旨からしても極めて当然の道理であると考えます。

法64条1項の規定によって、ＮＨＫのテレビ放送を受信することのできるテレビ等Ａを設置した者が、ＮＨＫのテレビ放送を視聴するのであれば有料の受信契約を締結しなければならないことは利用者負担乃至は受益者負担の原則からすれば当然の法的道理であるにしても、ＮＨＫのテレビ放送を視聴しない者にあっては、無料の受信契約とするか、若しくは、受信料の徴収を免除する等の契約条項を策定すべきであり、また、有料の受信契約を締結した者にあっても、その後ＮＨＫのテレビ放送を視聴しなくなったとなれば、受信料を徴収しない契約に、契約の変更を可能とする契約の条項とするか、若しくは、受信料を免除する契約に、契約の変更を容認した契約条項の受信規約としなければ、受信規約そのものが憲法29条及び同13条に反することは明白であると考えます。

第8　放送法64条2項・3項と、受信規約に関する検証

次に、本条2項・3項と受信規約の関係について検証します。

1

本条2項は、「協会は、あらかじめ、総務大臣の認可を受けた基準によるのでなければ、前項本文の規定により契約を締結した者から徴収する受信料を免除してはならない。」と規定し、その3項においては、「協会は、第一項の契約の条項については、あらかじめ、総務大臣の認可を受けなければならない。これを変更しようとするときも、同様とする。」と規定しており、本条1項の規定によってＮＨＫと受信契約を締結しなければならない受信契約の基準となる契約条項（受信規約）の策定については、総務大臣の認可を受けさせる形で、その受信契約の基準となる契約条項（受信規約）の策定・変更をＮＨＫに丸投げ委任した規定としています。

そして、ＮＨＫは、本条2項と3項を根拠として受信規約を策定し、本条1項と受信規約を法的な根拠として、テレビ等Ａを設置したＮＨＫのテレビ放送を視聴しない国民からであっても受信料を強制的にでも徴収・使用しているのです。

本条1項では、ＮＨＫのテレビ放送を受信することのできる受信設備テレビ等Ａを設置した者は、ＮＨＫとその放送の受信についての契約をしなければならない、と受信契約の締結を強制し、ＮＨＫの運営資金の確保を目的とした規定をしながらも、本条2項及び3

項においては、その運営資金を確保するための受信契約の基準となる契約条項の策定・変更については、法（国家機関等）自ら具体的な規定を策定することなく、NHKに丸投げ委任した規定としているのですが、この受信契約の基準となる契約条項が、受信規約であることは既に記しているとおりです。

そして、NHKは当該受信規約において、テレビ等Aを設置した者に対して、契約の変更を認めない有料の受信契約に限定した一方的、強制的な受信契約の基準となる契約条項を策定しているのですが、この契約の変更を認めない有料の受信契約に限定した一方的、強制的な受信規約の契約条項が、NHKのテレビ放送を視聴しない者からでも受信料を徴収・使用するとしている当該条項が、憲法29条3項に抵触し、同条1項に反することについても既に検証しているとおりです。

そして、既に検証しているように、ここでも重要なことは、NHKのテレビ放送を受信しないテレビ等Bが一般社会販売市場に流通・存在しておらず、現実には国民がテレビ等Bを選択・設置できないということであり、テレビ等Bが一般社会販売市場に流通・存在していないのは、テレビ等製造業者の人為的な不作為によってテレビ等Bが製造されていないことに起因しているということです。

テレビ等Bが製造され、テレビ等Bが一般社会販売市場に流通・存在し、国民がテレビ等を選択・設置するについて、テレビ等に関する選択・設置の自由を有し、その結果テレビ等Aを選択・設置したのであれば、テレビ等Aを選択・設置した者は、テレビ等Aを選択・設置することについて、NHKとの受信契約の締結をしなければならないことを前提とした、その自由意思によってテレビ等Aを自ら選択・設置したのですから、たとえNHKのテレビ放送を視聴しなくとも、それはNHKが策定した受信規約の契約条項によってでも受信契約を締結すべきであり、そして受信料を支払うことは利用者負担乃至受益者負担の原則からも道理的にも極めて当然のことであると考えます。

ですが、テレビ等Bが一般社会販売市場に流通・存在しておらず、国民がテレビ等Bを選択する自由がない現状において、テレビ等Aを選択・設置したからといって、そのテレビ等Aを設置した全ての設置者に対し、契約の変更を認めない一方的、強制的な有料の受信契約に限定した受信契約の締結を強制している受信規約は、受信規約そのものが憲法29条3項に抵触し、同条1項に反することは明白であると考えます。

2

本条2項が表記するその文面から検証すれば、テレビ等製造業者の不作為によってテレビ等Bが製造されず、テレビ等Bが一般社会販売市場に流通・存在していない現状において、NHKが策定すべき受信契約の基準となるべき契約条項（受信規約）は、有料の受信契約の基準であることが前提ではあっても、NHKの恣意的な意図によって受信料を免除することを禁止してはいるが、総務大臣の認可さえ受ければ、無料の受信契約に契約の変更を認めた有料の受信契約の基準である契約条項と、無料の受信契約条項を併用して策定することについては、何ら否定しているものではありません（例えば、甲〈NHK〉と乙〈受信機設置者〉は、次のとおり受信契約を締結する。乙は、甲のテレビ放送を視聴しない。よって、受信料の徴収には応じない。ただし、本契約に反し甲のテレビ放送を無断で視聴したときは、有料受信料の3倍の視聴料を支払う。等）。

つまり、本条2項は、NHKが策定すべきその受信規約の契約条項中に、無料の受信契約に契約の変更を認めた有料の受信契約条項と、無料の受信契約条項を併用した受信契約の基準となる契約条項を策定しても、その契約の変更を認めた有料の受信契約条項と、無料の受信契約条項を併用した受信規約を策定することについては、何ら否定していないのであって、むしろ本条1項及び2項、3項の制定の趣旨乃至は国民的立場から憲法29条3項に目線を置いて検証すれば、テレビ等製造業者の人為的な不作為によってテレビ等Bが製造されず、一般社会販売市場にテレビ等Bが流通・存在していない現状においては、無料の受信契約に契約の変更を認めた有料の受信契約条項を前提としながらも、無料の受信契約条項を併用した受信規約を策定すべきであると考えます。

一般社会通念上の利用者負担乃至受益者負担の慣習法の原則からすれば、NHKのテレビ放送を視聴しない者がNHKと無料の受信契約を締結したとしても、NHKのテレビ放送を利用することはなく、また、NHKのテレビ放送から得るべき利益を受けることもないのであるから、NHKのテレビ放送を視聴しない者については、受信料を徴収しないとする受信契約とするか、若しくは、受信料を免除する者として指定する等の契約条項を設けるべきであると考えます。

ですが、NHKは、NHKのテレビ放送を受信することのできるテレビ等Aを設置した全ての設置者に対し、NHKと有料の受信契約を締結しなければならないとする契約の変更を認めない有料の受信契約に限定した一方的、強制的な契約条項の受信規約としているのです。しかし、この契約の変更を認めない一方的、強制的な有料の受信契約条項に限定した受信規約が、NHKのテレビ放送を視聴せず、受信料の徴収に応じない国民の立場からすれば、当該受信規約によって受信契約の締結を強制し、その意に反する受信料（私有財産）を強制的に徴収・使用することについては、憲法29条3項が明記する正当な補償をしない私有財産の使用であるとして、同条1項が禁止する財産権の侵害であると主張されてもそれは当然の道理であると考えます。

ですが、ＮＨＫは、受信規約そのものについても、憲法に反するものではない、と主張しており、その点、平成29年最高裁判決は、受信規約の契約条項をＮＨＫが策定していることについて、「……当事者たる原告（ＮＨＫ）が策定する放送受信規約によって定められることとなっている点は、問題となり得る（判決第２－１－〈１〉－ウ）。」と判示しながらも、受信規約そのものに対する合・違憲性に関する論理の展開や、憲法の条項に制定の根拠を有していない受信規約そのものの法的拘束力の有無や法的拘束力の有効性については、憲法上の合・違憲論を全く論ずることなく、受信規約の内容（受信契約の基準となる契約条項）そのものについては、「……合理的な範囲内のものとして、憲法上許容されるというべきである（判決第２－２－〈３〉）。」と判示しているのです。ですが、このような平成29年最高裁判決が、憲法の理念から検証すれば到底容認できる判決ではないと考えます。

第９　受信料に関する総合的な検証

次に、ＮＨＫが徴収・使用する受信料（個人の私有財産）について総合的な目線から検証します。

1

テレビ等に関する検証については既に検証しているとおり、ＮＨＫのテレビ放送を受信しないテレビ等Ｂが一般社会販売市場に流通・存在しておらず、国民がテレビ等Ｂを選択・設置できないのが現状であり、そして、その要因がテレビ等製造業者の人為的な不作為によるものであり、ＮＨＫが受信料を徴収・使用する上での重要な論理の要素であることも既に検証しているとおりです。

つまり、ＮＨＫのテレビ放送を視聴しないから、ＮＨＫに財産権を侵害される（受信料を徴収・使用される）のが嫌であるから、と言って国民がテレビ等Ｂを選択・設置しようにもテレビ等Ｂを選択することが不可能であり、それでやむを得ずテレビ等Ａを選択・設置せざるを得ないのが現状であることも既に検証しているとおりです。

そして、現在一般社会販売市場に流通・存在しているテレビ等がテレビ等Ａだけであっても、そのテレビ等ＡがＮＨＫ以外の民放テレビを多数同時に受信し、多数局の民放テレビを多数同時に視聴可能であり、テレビ等そのものが国民の生活に密着し、国民の日常生活に欠かすことのできない生活必需品であり、国民の日常生活においては切っても切り離して考えることができない存在であり、ＮＨＫのテレビ放送を視聴しないから、ＮＨＫに財産権を侵害されるのが嫌であるから等の理由でテレビ等Ｂを選択・設置したくともその選択が不可能であり、やむを得ずテレビ等Ａを選択・設置しなければならない現状にあるということです。

ですが、ＮＨＫは、「受信料を支払わないのであればテレビ等を廃止する外はない。」とまで大阪地裁堺支部の公判において主張しているのですが、テレビ等が日常生活上の生活必需品である以上、ＮＨＫのテレビ放送を視聴しない国民に対して、受信料（お金）を支払わないのであればテレビ等を廃止する外はない、といった論理は、ＮＨＫに金（受信料）を支払わないことで、生活必需品であるテレビ等の設置を許さない、とする論理であり、このような論理はテレビ等から得ている憲法13条が保障する個人の幸福追求権を剥奪し、同19条が掲げる思想及び良心の自由をも侵害する論理であって、このような論理が国民主権や基本的人権の尊重を基調とする憲法の理念から検証すれば、到底許される論理ではないと考えます。ましてやＮＨＫは、公共放送事業を担う公共企業体であり、憲法が基調とする国民主権や個人の基本的人権の尊重については、特に国民の模範となるべき特別な公共企業体であるべきなのです。その国民の模範となるべき公共企業体であるＮＨＫが、金（受信料）を支払わないのであればテレビ等を廃止する外はない、と公式、公開の場で公然と主張することは、国民からテレビ等を取り上げるとする論理を平然と公言していることであって公共企業体としての資質・資格を喪失しているものであると考えます。

2

ＮＨＫのこのような国民主権や基本的人権を軽視した論理は、ＮＨＫ自身が、１億２６００万国民を見下したＮＨＫ上位の考えを平然と公言しているのと同じであって、憲法理論上においても許されるものではなく、国民主権や個人の基本的人権をないがしろにした主客転倒した論理を平然と公言しているものであって到底許されるものではありません。主権はあくまでも１億２６００万国民であり、その下に国家機関等や、ＮＨＫが成り立っていることをＮＨＫ自身が自覚する必要があると考えます。

また、最高裁もこの辺りのところを再度審議し、論理を見直して頂き、憲法が理念とする国民主権や基本的人権尊重の立場に立った論理による判決を出して頂きたいものであると考えます。

それで、テレビ等製造業者の人為的不作為によってテレビ等Ｂが製造されず、テレビ等

Bが一般社会販売市場に流通・存在していないことを想定し、そしてそのことを前提として、国民がテレビ等を設置することについて、法64条1項の目線に立って検証すると、一般的にはテレビ等Aのみしか流通・存在しておらず、国民がテレビ等Aのみしか設置できない現状にある中、法64条は平成22年に改正されました。

そして、国会（法）は、テレビ等製造業者の人為的不作為によってテレビ等Bが製造されず、テレビ等Bが一般社会販売市場に流通・存在しない現状（平成22年）において、法64条1項を「協会（NHK）の放送を受信することのできる受信設備（テレビ等A）を設置した者は、協会とその放送の受信についての契約をしなければならない。ただし、……この限りでない。」と規定し、また、同条2項を「協会は、あらかじめ、総務大臣の認可を受けた基準によるのでなければ、前項本文の規定により契約を締結した者から徴収する受信料を免除してはならない。」と規定したのです。

つまり、国会は、法を改正するにあたり、テレビ等製造業者の不作為によってテレビ等Bが製造されず、テレビ等Bが一般社会販売市場に流通・存在しない平成22年の現状において、法64条1項を、テレビ等Aを設置した全ての設置者（国民）に対し、NHKと受信契約の締結をしなければならない、とした**直接強制の規定**としたのであり、そして、その1項においては、NHKとの受信契約の締結を直接強制としたにもかかわらず、その2項においては「協会は、あらかじめ、総務大臣の認可を受けた基準によるのでなければ、前項本文の規定により契約を締結した者から徴収する受信料を免除してはならない。」と表記し、その3項においては「協会は、第一項の契約の条項については、あらかじめ、総務大臣の認可を受けなければならない。これを変更しようとするときも、同様とする。」と表記し、その受信契約の基準である契約条項の策定を総務大臣の認可を受けさせる形で、敢えてＮＨＫに丸投げ委任した規定としたのです。

そして、ＮＨＫは、法の改正から**4年後の平成26年**に、法64条2項及び3項が規定する受信契約の基準となる**受信規約**（契約条項）を**策定**したのですが、その受信契約の基準となる受信規約を策定するにおいては、テレビ等製造業者の人為的不作為によってテレビ等Ｂが製造されず、一般社会販売市場にテレビ等Ｂが流通・存在していない現状を認識しないままか、若しくは、テレビ等Ｂが一般社会販売市場に流通・存在していないことを認識してはいたが、敢えて、従来の聴取料金の徴収方法の前例踏襲的考えによって一部の生活扶助受給者や障害者等を除いて、ＮＨＫのテレビ放送を視聴する、しないにかかわらず、テレビ等Ａを設置した全ての設置者に対して、契約の変更を認めない全国一律の有料の受信契約条項に限定した一方的、強制的な契約条項である受信規約を策定したのです。

3

法（国会）が、法的拘束力を有する法的権限事項を一民営企業に委任することはないと考えますが、ＮＨＫが法（総務大臣）によって認可された特別な特殊法人であり、一企業体であるとは言え、国会への報告義務や会計検査院の検査の対象としている公共企業体ということもあり、その公共的性格が他の特殊法人より、より公益性を有するとして、憲法29条が保障する**私有財産権**をも侵害することとなる個人の私有財産を受信料といった形で直接徴収・使用（侵害）させるという憲法上極めて重大な権限に関する受信契約の基準となる契約条項（受信規約）の策定を、法64条２項と３項を制定することによってＮＨＫへ丸投げ委譲したのです。

そして、法（国会）が国会以外の機関やＮＨＫのような特殊法人に権限を委任する場合、その委任した権限事項が既定の法に**抵触する**ことや、既定の**法に反する**ことは**想定していない**のですが、ＮＨＫはその禁断の信頼を破って契約の変更を認めない有料の受信契約に限定した一方的、強制的な受信契約の締結を強制する契約条項や、ＮＨＫのテレビ放送を視聴しない者においても強制的に受信料を徴収・使用するとした受信契約の契約条項（受信規約）を策定したのです。

つまり、NHKが、法64条2項及び3項が委任する受信契約の基準となる契約条項（受信規約）を策定するについては、既定の法に反せず、かつ、既定の法に抵触しない範囲でその受信契約の基準となる契約条項（受信規約）を策定しなければならないことは当然の法的な道理であり、それが信頼の原則にも適合するのですが、NHKはその信頼の原則に反して、現在策定している受信規約を策定したのです。

既定の法とは、憲法は勿論のこと、憲法の条項によって制定している既定の法律や政令、両議院や最高裁の規則、条例を含むことは当然のことであり、さらに言えば一般社会通念上に定着している慣習法をも含むことは当然の法的な道理です。

しかし、NHKは、受信規約の契約条項を策定するにあたり、テレビ等Bが一般社会販売市場に流通・存在していない現状や、法64条1項及び同条2項の制定趣旨を真に理解せず、若しくは理解しようとせずに、NHK自身に都合の良い、従来の聴取料金の徴収方法を踏襲した、契約の変更を認めない有料の受信契約に限定した一方的、強制的な受信契約の締結を強制した受信契約の基準となる契約条項の受信規約を策定し、NHKのテレビ放送を視聴しない者からであっても、受信料を強制的にでも徴収・使用するとする、受信契約の契約条項（受信規約）としたのです。

NHKのこのご都合主義一辺倒の受信規約そのものについては、平成29年最高裁判決においても、その合・違憲性に関する論理の展開や、憲法上の法的拘束力の有無や法的有効性に関する論理を論及しないまま「……問題となり得る（判決第2－1－〈1〉－ウ）。」と判示しながらも、受信規約の内容（契約条項）そのものについては、「……合理的な範囲内のものとして、憲法上許容されるというべきである（判決第2－2－〈3〉）。」と判示したのです。

それで、大阪地裁堺支部においても、当該受信規約の契約条項に基づく契約を、「**私法上の契約にすぎない**」と判示しながらも、NHKのテレビ放送を視聴しない者が受信料の徴収・使用に応じない場合においても受信料を強制的にでも徴収・使用するとしている受信規約の契約条項について、「憲法に反するものではない」と判示したのです。ですが、NHKのテレビ放送を視聴しない者からでもNHKが受信料を徴収・使用することを容認した平成29年最高裁判決や大阪地裁堺支部のこのような論理による判決が憲法29条3項に抵触し、同条1項に反することは明白であって、到底容認できる判決ではないと考えます。

4

それで大阪高裁へ控訴したのですが、大阪高裁は、大阪地裁堺支部の判決を支持するとともに、既にＮＨＫと受信契約を締結し、ＮＨＫのテレビ放送を視聴しない国民（私）から、ＮＨＫが受信料を徴収・使用することについて、「受信料は法64条1項と受信規約によって徴収しているものであって、憲法29条及び13条に反するものではない。」と判示し、恰も受信規約そのものにも憲法上の法的拘束力を有するとするかのような判示をしたのですが、受信規約そのものについての憲法上の法的拘束力を有するのか否かといった憲法上の法的拘束力の有無や、憲法上の法的有効性の有無に関する直接の判断をせずに、ＮＨＫと受信契約を締結しＮＨＫのテレビ放送を視聴しない国民（私）に対して、受信規約そのものを**単独で適用する**ことなく、法64条1項と並列して適用し、受信規約そのものにも憲法上の法的拘束力を有するとするかのような判示をしたのです。ですが、原告である私（国民）は、ＮＨＫとは既に受信契約を締結しており、既に受信契約を締結している状態にあった国民（私）に法64条1項が適用される余地はないと考えます。

そして、その適用される余地のない法64条1項と受信規約とを同時に並列して適用し、ＮＨＫのテレビ放送を視聴していない国民（私）からＮＨＫが受信料を徴収・使用することについて、「憲法に反するものではない」と判示したのです。それで、大阪高裁がこのように判示したことは、大阪高裁自身が受信規約を単独で適用することについては、受信規約そのものには憲法上の法的拘束力がないことを大阪高裁自身が自認していたからではないかと考えます。

それで、最高裁へ上告したのですが、最高裁第二小法廷で受理されたものの、同法廷によって民事訴訟法上の上告理由に該当しないとして、令和元年6月14日付の決定によって棄却されました。

よって、NHKと受信契約を締結し、NHKのテレビ放送を視聴しない国民からその意に反してNHKが受信料を徴収・使用すること、及びNHKの放送を視聴しない者からでも受信料を強制的にでも徴収・使用するとしている受信規約そのものが憲法に反するのか、否か、また、慣習法上の契約の自由や利用者負担乃至は受益者負担の理論については最高裁の見解を得ることができませんでしたが、平成29年最高裁判決には多くの疑問がありますので、以下第三章において詳細に検証します。

第三章　平成29年最高裁判決に関する検証

平成29年最高裁判決中に、疑問となる8つの論理及び判示がありますので、その疑問点について検証します。

第1　行政機関に意見を求め、その意見論述の大半を当該判決に引用していることについての検証

その第1として、司法機関の頂点に立つ最高裁が、行政機関である法務大臣に意見を求め、その法務大臣が提出した意見論述の大半をその判決に引用し、NHKのテレビ放送を視聴し得ない国民からでもNHKが徴収・使用する受信料について、「……憲法13条、21条、29条に違反するものではない（判決第2－2－〈4〉）……」と判示していることについて検証します。

立法府、行政府、司法府と三権分立を基本理念とする現憲法下において、行政機関の立

案で立法化された法律を、司法機関の頂点に立つ最高裁がその法律及び当該法律によって執行されている行政事業の合・違憲性の判断をするについて、その原案を策定した行政機関にその意見を求めることが憲法上許されるか、という憲法上の問題があります。

法律案のほとんどは行政機関によって策定され、それを立法機関である国会で審議し、立法化するというのが一般的な法律の制定経過です。

それで放送法案を立案したのが行政機関の総務大臣であろうことは容易に推測できるところですが、何れにしても法律を執行するのは行政機関です。

ですが、平成29年最高裁判決は、ＮＨＫが徴収・使用する受信料（行政事業）に関する合・違憲性の判決を出すにおいて、法律を執行する行政機関である法務大臣にその意見を求め、その法務大臣が提出した意見論述の大部分をその判決に引用しているのです。

最高裁が法律及び当該法律によって執行されている行政事業に関する合・違憲性の判断をするにおいて、その原案を作成した行政機関にその意見を求め、より適正な論理による判決を出すことについては理解できないことでもありませんが、憲法が基本理念とする三権分立の目線に立って検証したとき、大きな疑問を感じます。

つまり、法律の専門家である司法機関の頂点に立つ最高裁が、行政機関が執行している行政事業に関する合・違憲性の判断をするについて、当該行政事業を執行している総務大臣と横並びの同じ行政機関である法務大臣に意見を求め、その意見論述の大部分をその判決に引用していることについては、三権分立を基本理念とする憲法の理念から検証すれば到底許されるものではありません。

ましてや、現在進行形の法律について、その法律を発案し、当該法律に基づく行政事業を執行している総務大臣と横並びの法務大臣に対して、その法律及び当該法律によって執行している行政事業の合・違憲性に関する意見を求めたとしても、同一内閣（行政機関）の立場上、心情的にも行政施策の同一性の観点からも「違憲である。」との意見を述べられるはずはないと考えます。

そして、ＮＨＫが大阪地裁堺支部に証拠として提出した法務大臣の当該意見論述を確認し、閲読した限りにおいては、ＮＨＫが徴収・使用する受信料について、合憲そのものであるとの意見論述はしているものの、違憲性の可能性に関する意見の論述は全くないのです。

ものごとに対する適否論（合・違憲論）を論じる場合、このような理由であるから適（合憲）、このような理由であるから否（違憲）と、その双方の論理について論述し、結論として、このような理由であるから適（合憲）、若しくは否（違憲）である等として論理を展開するのが一般的です。ですが、当の法務大臣の意見論述を確認した限りにおいては、

NHKが徴収・使用する受信料について、「憲法に反するものではない。合憲である。」との論述はなされているものの、違憲性の可能性に関する論述は全くなく、その争点となっている憲法の当該各条項に関する意見論述についても、当該条項の条文さえも記述せず、当該各条項を具体的に解析した見解を示すことなく、単に「憲法13条、21条、29条に違反するものではない。」とした意見論述にとどまっているのです。

そして、行政機関の前記のような意見論述にもかかわらず、平成29年最高裁が出した当該判決の論理の構成は、その行政機関が示したその意見論述のその大半をそのまま当該判決に引用したものとなっているのです。

法律の専門家は、あくまでも司法機関である裁判所であって、行政機関ではありません。行政機関は、あくまでも法律案を作成し、当該法律を執行する執行機関であり、当該法律の合・違憲性や、行政機関が執行する行政事業の適否に関する合・違憲性を含めた合・否の判断をするのは司法機関である裁判所であるべきです。

その司法機関である裁判所の頂点に位置する最高裁が行政機関に意見を求め、その行政機関の意見論述の大部分をその判決に引用していることについては、これが法律の専門家である司法機関の頂点に立つ最高裁が出した判決であるのかと考えたとき、**三権分立を基本理念**とする憲法の理念に照らして検証すれば許されるものではないと考えます。

第2　争点となっている憲法の当該条項を解析せず判決を出していることについての検証

その第2として、当該判決が憲法の条項を解釈するにあたり、その争点となっている憲法の当該各条項を解析することなく、NHKが受信料を徴収・使用することについて、単に「……憲法13条、21条、29条に違反するものではない（判決第2－2－〈4〉）……」と、判示していることについて検証します。

平成29年最高裁判決は、NHKが徴収・使用する受信料について、NHKのテレビ放送を視聴しない当該国民のその意に反する受信料の徴収・使用であっても「憲法13条、21条、29条に違反するものではない」と判示しているのですが、その判決を出すにおいては、既に検証しているとおり、行政機関である法務大臣に意見を求め、法務大臣が提出したその意見論述の大部分をその判決に引用するとともに、NHKが策定している受信規約の契約条項を部分的に引用するにとどまり、その争点となっている憲法の当該各条項に関する判決を出すについては、その争点となっている憲法の当該各条項を最高裁自らの見解によって詳細に解析した論理を論ずることなく、単に「憲法13条、21条、29条に反するものではない」とする行政機関が提出した意見論述をそのままその判決に引用して判示しているのですが、最高裁のこのような判決のあり方についても容認できるものではありません。

つまり、平成29年最高裁判決は、その争点となっている憲法の当該各条項に関する判決を出すについて、その争点となっている憲法の当該各条項に関する最高裁自らの見解による解析した論理を論ずることなく、行政機関に意見を求め、その行政機関が提出したその意見論述の大部分をそのままその判決に引用しているのですが、このように、最高裁が判決を出すにおいて、行政機関に意見を求め、その行政機関が提出したその意見論述の大部分をその判決に引用していることについては、憲法が三権分立を基本理念としていることからすれば到底容認できるものではないと考えます。ましてや、その争点となっている憲法の当該各条項に関する判決を出すについて、当該条項に関する最高裁自らの見解による詳細な解析をすることなく、単に「憲法13条、21条、29条に違反するものではない」と判示していることについては、全く理解できるものではありません。

最高裁が法律の専門家である司法機関の頂点に立つものである以上、その争点となっている憲法の当該各条項が如何なる趣旨で制定され、そこに記されている文面の一言一句が如何様な意味を有し、如何様に解釈されるのか、当該条項と他の条項の関連性については如何様になっているか等について、法律の専門家である司法機関の頂点に立つものとして、その立場から詳細に解析し、論述して頂きたいものであり、それが国民の願いでもあり、司法機関の頂点に立つ最高裁としての憲法上の責務でもあると考えます。

意見論述を求めた当該行政機関である法務大臣が、その争点となっている憲法の当該条項を解析し、論述していなかったが故に、平成29年最高裁判決も自らの見解による解析をしなかったと考えますが、最高裁が法律の専門家である司法機関の頂点に位置するものである以上、当該争点となっている憲法の当該条項を詳細に解析せず、単に「憲法13条、21条、29条に違反するものではない」と判示し、国民（被告）の主張を棄却するといったことについては、最高裁としての国民に対する責任を果たしているとは言えず到底容認できるものではない、と考えます。

第3　受信設備（テレビ等）に関する現状認識をせずに法64条1項及び2項・3項を解釈していることについての検証

三つ目に、平成29年最高裁判決が、当該判決を出すにおいて、テレビ等製造業者の人為的な不作為によってテレビ等Bが製造されず、一般社会販売市場にテレビ等Bが流通・存在していない現状認識（論理展開）をしないまま判決を出していること、また、テレビ等Bが一般社会販売市場に流通・存在していない現状認識（論理展開）をしないまま法64条

1項及び2項、3項を解釈し、判決を出していることについて検証します。

1

既に検証しているとおり、法64条1項の制定趣旨は、テレビ等Ａとテレビ等Ｂの双方の存在を想定し、国民がその何れのテレビ等を選択・設置するかについては、国民にその選択の自由を委ねた規定としており、その結果、テレビ等Ａを選択・設置した国民はＮＨＫが策定した受信規約の契約条項によってでも受信契約の締結をしなければならない、とする**直接強制**の規定であることは、同条1項が規定・表記する文面を検証すれば理解できるかと考えます。

そして、ＮＨＫの受信料に関する平成22年6月29日の東京高裁判決においても、「……被控訴人（ＮＨＫ）の放送を受信することができる受信設備（テレビ等Ａ）を設置せず、契約をしない自由もあるのであって、……」と判示しているとおり、国民がＮＨＫのテレビ放送を受信しないテレビ等Ｂを選択・設置することについては、その選択・設置の自由を有する判決を出していることからしても同条1項がテレビ等Ｂの存在を想定した規定であることは理解できるかと考えます。

また、同条1項が、NHKのテレビ放送を受信しないNHKのラジオ放送のみ及びNHKの多重放送のみを受信することのできる受信設備（ラジオB、多重受信機B）の設置者については、同条1項がその文末において、「ただし、……この限りでない。」として、NHKのテレビ放送を受信しないラジオB及び多重受信機Bの設置者を受信契約の締結義務から明確に除外した規定としていることは、ラジオと多重放送受信設備には、NHKのテレビ放送を受信するラジオA・多重受信機Aと、NHKのテレビ放送を受信しないラジオB・多重受信機Bの双方が存在することを想定してのことであり、そして、法64条1項を当該条項のように表記したことは、同条1項がNHKのテレビ放送のみを保護の対象とすれば、そのことはそれで法の目的を達成できるとの考えに基づくものであると考えます。

つまり、法64条1項を、当該条項の文面としたことは、NHKのテレビ放送を受信しないテレビ等Bの設置者は、NHKのテレビ放送を侵害（無断視聴）するおそれがなく、特段に法的措置を取る必要もなく、NHKのテレビ放送を受信することのできるテレビ等Aの設置者に限って受信契約の締結義務を課すことによって、NHKのテレビ放送を保護することは可能であり、そして、NHKのテレビ放送を保護することによって、NHKのテレビ放送を侵害（無断で視聴）する無断視聴者の防止を図ることもでき、そして、そのことによって法の目的をも達成できるとの考えに至ったからであると考えます。

よって、テレビ等Bについては、特に何も規定していませんが、そのテレビ等Bの存在を前提とした規定であることは、法64条1項の文頭に「協会の放送を受信することのできる受信設備を……。ただし、……この限りでない。」と表記・規定したことで、テレビ等Aとテレビ等Bの両者が存在することを想定したが故に、敢えてその文頭に「協会の放送を……」と、表記したのであると考えます。

2

ところが大阪地裁堺支部は、東京高裁の当該判決を無視し、テレビ等Bの製造に関する現状を無視した上に、テレビ等Bの存在の可能性そのものを否定するとともに、国民がテレビ等Bを選択・設置する権利についても、その権利をも否定する判決をしたのですが、大阪高裁も大阪地裁堺支部の判決を支持したのです。

ですが、現実にはテレビ等製造業者の人為的な不作為によってテレビ等Bが製造されていないが故に、テレビ等Bが一般社会販売市場に流通・存在せず、国民がテレビ等Bを選択・設置できないのが現状なのです。

そして、受信設備であるテレビ等のこのような流通の現状であるにもかかわらず、平成

29年最高裁判決は、テレビ放送及びテレビ等（受信設備）に関する現状認識を論ずることなく、法64条1項が規定する受信設備については、「原告（ＮＨＫ）の放送を受信することのできる受信設備（以下、単に「受信設備」ということがある。）（判決第1－1）」と判示し、また受信設備の設置者についても「原告（ＮＨＫ）の放送を受信することのできる受信設備を設置した者（以下「受信設備設置者」という。）（判決第1－2－〈1〉－エ）」と判示し、法64条1項が規制する受信設備が、ＮＨＫのテレビ放送を受信することのできる受信設備（テレビ等Ａ・ラジオＡ・多重受信機Ａ）に限定した規定としているにもかかわらず、ＮＨＫのテレビ放送を受信しないＮＨＫのラジオ放送やＮＨＫの多重放送のみを受信することのできる受信設備（ラジオＢ、多重受信機Ｂ）の設置者であっても、ＮＨＫとの受信契約の締結を必要とする受信設備として一括りにして論述（認識）し、その一連の判示の判決においては、当該「受信設備設置者」の全ての国民が受信契約を締結する必要があるとする判決をしたのです。

つまり、法64条1項が規制する受信設備は、テレビ等Ａ、ラジオＡ、多重受信機Ａのみ、であるにもかかわらず、平成29年最高裁判決は、ＮＨＫのテレビ放送を受信しないＮＨＫのラジオ放送を受信するラジオＢ、ＮＨＫのテレビ放送を受信しないＮＨＫの多重放送を受信する多重受信機Ｂの設置者についても「受信設備設置者」として一括りにして、受信契約の締結義務があると判示したのです。つまり、平成29年最高裁判決は、当該判決を出すにおいて、その審理の出発点の出だしから、当該事件の現状認識と判決の論理を誤り、その結果その判決そのものをも誤った判決としているのです。

よって、当該判決の第2－1－（2）においても、「放送法64条1項は、受信設備設置者に対し受信契約の締結を強制する旨を定めた規定であり、」と判示し、NHKのテレビ放送を受信することのできるテレビ等A・ラジオA・多重受信機Aの設置者に限らず、NHKのラジオ放送のみを受信することのできるラジオBや、NHKの多重放送のみを受信することのできる多重受信機Bの設置者についてまでも、NHKと受信契約の締結義務があるとする判示をしているのです。

つまり、法64条1項は、NHKのテレビ放送を受信することのできるテレビ等A・ラジオA・多重受信機Aの受信設備の設置者に限って規制（受信契約の締結義務）の対象としているにもかかわらず、また、NHKが策定している受信規約においては、テレビ等A（受信規約上は受信機）の設置者に限定して適用される契約条項としているにもかかわらず、平成29年最高裁判決は、テレビ等AやテレビB等Bに関する論理を論ずることなく、また、NHKのテレビ放送を受信しないNHKのラジオ放送を受信するラジオBや、NHKのテレビ放送を受信しないNHKの多重放送を受信する多重受信機Bをも一括りにした論理によって、NHKのテレビ放送を受信することのできるテレビ等Aや、NHKのテレビ放送を受信しないテレビ等Bについての論及をすることなく判決を出しているのです。

3

このように、平成29年最高裁判決がテレビ等の製造に関する現状認識に関する論理を論ずることなく、また、国民がテレビ等A乃至テレビ等Bを選択・設置する選択の自由に関する論理をも論じないまま、NHKの放送を受信するしないを問わず、また、NHKのテレビ放送に限らず、NHKのラジオ放送のみ、NHKの多重放送のみを受信することのできる受信設備設置者の全ての設置者を対象として、「……現実に原告（NHK）の放送を受信するか否かを問わず、受信設備を設置することにより原告（NHK）の放送を受信することのできる環境にある者に広く公平に負担を求めることによって（判決第2－1－〈1〉－ア）……」と判示し、NHKの放送を受信しない受信設備の設置者であっても、受信設備を設置したことによってNHKの放送を受信する環境にあり、受信料を負担する必要があるとする趣旨の判示をするとともに、「……放送法64条1項は、受信設備設置者に対し受信契約の締結を強制する旨を定めた規定であり（判決第2－1－〈2〉）……」と判示し、NHKの放送を受信することのできる受信設備設置者を、テレビ等Aの設置者に限らず、ラジオB、多重受信機Bの設置者であっても、受信契約の締結義務があるとする論理を展開しているのですが、当該判示の論理については矛盾がありますので、詳細は最終項の第8で検証します。

つまり、既に幾度も検証していますが、法64条1項は、NHKのテレビ放送を受信しないラジオB・多重受信機Bの設置者については、受信契約の締結義務から明確に除外する規定とするとともに、NHKのテレビ放送を受信しないテレビ等Bの設置者については受信契約の締結を求めている規定としているものではなく、また、国民がテレビ等を設置するに際し、テレビ等Aを選択するのか、テレビ等Bを選択するのか、その選択・設置に関する選択の自由については、国民の自由意思に委ねた趣旨の規定としており、その結果、テレビ等Aを選択・設置した者はNHKが策定した受信規約の契約条項によってでも受信契約の締結をしなければならないとする直接強制の規定としているのです。ですが、それにもかかわらず、平成29年最高裁判決は、同条1項を解釈するについて、「……放送法64条1項は、受信設備設置者に対し受信契約の締結を強制する旨を定めた規定であり（判決第2－1－〈2〉）……」と**直接強制的**な判示をしながらも、受信契約を締結するについては、「……業務内容等を説明するなどして、受信契約の締結に理解が得られるように努め（判決第2―1―〈1〉―イ）……」と判示し、また、「……受信契約の成立には双方の意思表示の合致が必要というべきである（判決第2―1―〈1〉―イ）。」等の判示をするとともに、それでも受信契約の締結の合意が得られない場合は、「……原告（NHK）がその者（国民）に対して承諾の意思表示を命ずる判決を求め、その判決の確定によって受信契約が成立する（判決第2―1―〈2〉）……」と判示し、裁判の手続きによる判決の確定をもって契約が成立するといった**間接強制の論理**によって受信契約が成立するとする判示をしているのです。

ですが、平成29年最高裁判決のこのような、NHKのテレビ放送を受信しないラジオBや多重受信機Bの設置者にまで受信契約の締結義務があるとした判示の論理や、受信契約に関する契約の締結強制が**間接強制の論理**では、法64条1項の制定趣旨を真に理解したものであるとはいえないものであると考えます。

つまり、法64条1項は、受信契約の締結義務からNHKのテレビ放送を受信しないラジオBと多重受信機Bの設置者を明確に除外するとともに、NHKのテレビ放送を受信しないテレビ等Bの設置者については、受信契約の締結義務を必要としない規定とし、テレビ等の設置者に限っていえば、NHKのテレビ放送を受信することのできるテレビ等Aを設置した者に限って、受信契約の締結義務を課すことによって、一般社会通念上の不文律ともなっている契約の自由の慣習法の原則を踏襲した理論によって同条1項を制定しているものであると考えます。

4

ですが、現実にはテレビ等Aのみしか存在せず、国民がテレビ等Bを選択・設置しようにもテレビ等Bを選択・設置することができないのが現状なのです。それで、重要なのが、同条2項と3項の規定なのです。

つまり、同条2項と3項がその受信契約の基準の策定をNHKに丸投げ委任しているのですから、NHKは前記のことを真に理解した受信契約の基準となる契約条項（受信規約）を策定すべきであり、同条1項がテレビ等Aを選択するのか、テレビ等Bを選択するのか、その選択・設置するテレビ等に関する選択の自由を国民の自由意思に委ねる趣旨の規定をしているのですから、その受信契約の基準となる受信規約の契約条項を策定するにおいては、現実にはテレビ等Bが存在していないことを理解し、有料の受信契約の契約条項を前提としながらも、NHKのテレビ放送を視聴しない者については、受信料の徴収を免除する等の契約条項や、受信契約を締結した後においてNHKのテレビ放送を視聴しなくなった際においては、受信料の徴収を免除する等の契約条項に契約の変更を認めた契約条項を併用した契約条項を策定し、そしてその何れの契約条項を選択するかについては、当該受信契約の締結を必要とするテレビ等Ａの設置者である当該**国民の自由意思に委ねた契約条項**とすべきなのです。

そして、その結果、有料の受信契約を選択した者については、ＮＨＫが策定した受信規約の契約条項によって、契約の変更を認めた有料の受信契約を締結し、有料の受信契約を締結した者の受信料については、当該契約条項によって強制的に徴収できるが、受信料を免除する受信契約乃至はＮＨＫのテレビ放送を視聴しないとする受信契約を締結した者については、受信料の請求をすることさえ許されないのです。

ですが、平成29年最高裁判決は、受信契約の締結義務からＮＨＫのテレビ放送を受信しないラジオＢや多重受信機Ｂの設置者を除外せず、また、テレビ等Ａ及びテレビ等Ｂに関する論理をも論述（認識）することなく、国民がテレビ等を選択・設置するに際し、当該テレビ等を選択・設置し、ＮＨＫと受信契約を締結するまでのその一連の過程において、テレビ等に関する選択の自由や、そのことを前提とした受信契約に関する契約の自由についての論理を全く論じていないのです。

平成29年最高裁判決のこのような論理の構成は、法64条1項及び同条2項、３項の制定趣旨を真に理解したものではなく、たとえ適正・適法な裁判の確定判決の結果、その確定判決による契約の締結によって受信料を適正かつ適法に徴収・使用するものであっても、NHKのテレビ放送を視聴しない者から究極的には法によって個人の私有財産を受信料といった形で公共のために強制的に徴収・使用する論理であって、このような裁判の手続きによって徴収・使用する受信料については、たとえその裁判が適正・適法なものであっても、それに至るまでの過程において何らかの形で当該国民の**自由意思が介入**しない限り、NHKのテレビ放送を視聴しない者から、その意に反する受信料を徴収・使用することは、その意に反する私有財産の徴収・使用であるとして憲法29条1項が厳に禁止しているものであることは明白であると考えます。

よって、平成29年最高裁判決の当該論理による判決は、テレビ等製造業者の人為的な不作為によってテレビ等Bが製造されていない現状及びそのことによってテレビ等Bが一般社会販売市場に流通・存在していないことを認識（論理展開）せずに、法64条1項が、受信契約の締結義務からNHKのテレビ放送を受信しないラジオBや多重受信機Bの設置者を除外し、加えて、テレビ等Bの設置者についても受信契約の締結を必要とする規定とはしていないことからすれば、同条1項及び2項、3項の制定趣旨を真に理解していない論理による判決であって、判決そのものが憲法29条に反する判決であることは明白であると考えます。

第4　法64条1項、2項、3項に関する解釈についての検証

四つ目に、平成29年最高裁判決が当該判決を出すにおいて、本条1項、2項、3項の制定趣旨を真に理解（論理展開）しないまま、また、同条項が連動した規定であるにもかかわらず、同条項の連動性についての論理展開をせずに判決を出していることについて検証します。

既に検証している部分と重複し、また、既に検証している論理も幾つかありますが別の目線から再度検証します。

本条1項が、国民が受信設備を設置するについては、受信契約の締結義務からNHKのテレビ放送を受信しないラジオBと多重受信機Bの設置者を除外した規定としており、また、NHKのテレビ放送を受信しないテレビ等Bの設置者については、受信契約の締結を必要とする規定とはしていない規定とし、加えて、テレビ等Aを選択・設置するのか、テレビ等Bを選択・設置するのか、その選択・設置をするについては、国民の自由意思に委ねる趣旨の規定をしているにもかかわらず、現実にはテレビ等製造業者の人為的な不作為

によってテレビ等Bが製造されず国民がテレビ等を選択・設置するについて、国民の自由意思が介入する余地が全くないことは既に検証しているとおりです。

そして、そのことを前提として、国会が本条2項を「協会は、あらかじめ、総務大臣の認可を受けた基準によるのでなければ、前項本文の規定により契約を締結した者から徴収する受信料を免除してはならない。」と規定し、同3項を「協会は、第一項の契約の条項については、あらかじめ、総務大臣の認可を受けなければならない。これを変更しようとするときも、同様とする。」と表記・規定していることは、国民がテレビ等を選択・設置するに際し、テレビ等製造業者の人為的な不作為によってテレビ等Bが製造されていない現状から検証すると、現実には国民がテレビ等に関する選択の自由がないことを前提として、本条2項と3項がその受信契約の基準となるべき契約条項の策定をNHKに丸投げ委任しているのですから、NHKが策定すべき受信契約の基準となる契約条項（受信規約）は、有料の受信契約が前提ではあっても、NHKの恣意的な意図によって受信料の徴収を免除してはならないこと、また同条1項が規定するNHKとの受信契約が、契約の締結を強制した規定であることを理解した上で、受信契約の基準となるべき契約条項（受信規約）を策定すべきである、と解することが本条1項と2項、3項の本来の制定趣旨であると考えます。

ですが、そうであるにもかかわらず平成29年最高裁判決においては、このように、本条1項と2項及び3項が連動した規定であることを理解したと解されるような論理を展開している形跡は全くありません。

つまり、本条2項と3項は、本条1項の制定趣旨を包括した趣旨によって、受信契約の基準となるべき契約条項（受信規約）の策定をNHKに丸投げ委任していると解すべきであり、そして、NHKは当然にそのことを包括的に理解した契約の基準となる契約条項（受信規約）を策定すべきであるにもかかわらず、NHKが策定しているその受信規約の契約条項は、NHKのテレビ放送を視聴しない者の存在を考慮せず、利用者負担乃至は受益者負担が不文律ともなっている一般社会通念上の慣習法の原則をも無視した有料の受信契約に限定した一方的、強制的な契約条項の受信規約としているのです。

そして、平成29年最高裁判決は、その判示において、国民が受信設備を選択・設置するについて受信契約の締結義務を有する者からNHKのテレビ放送を受信しないラジオB・多重受信機Bの設置者を除外することなく、加えて、テレビ等製造業者の人為的な不作為によってNHKのテレビ放送を受信しないテレビ等Bが製造されず、当該テレビ等Bが一般社会販売市場に流通・存在していない現状認識や、国民がテレビ等を設置するに際して当該テレビ等に関する選択の自由に関する論理を論じないまま、当該判決の判示においては、「原告（ＮＨＫ）の放送を受信することのできる受信設備を設置した者（以下「受信設備設置者」という。）（判決第１－２－〈１〉－エ）」と判示し、本条１項が規定する「受信設備を設置した者」について、ＮＨＫのテレビ放送を受信することのできるテレビ等Ａ・ラジオＡ・多重受信機Ａの設置者に限らず、ＮＨＫのテレビ放送を受信しないラジオＢ・多重受信機Ｂの設置者であっても受信契約の締結義務があると解される内容で、「放送法64条１項は、受信設備設置者に対し受信契約の締結を強制する旨を定めた規定であり（判決第２－１－〈２〉……」と判示し、本条１項の受信契約の締結義務に関する規定が直接強制であるかのような判示をしているのですが、当該判示の論理に論理不足があることは明白であります。

つまり、平成29年最高裁判決の当該判示の論理は、ＮＨＫのテレビ放送を受信しないラジオＢ・多重受信機Ｂの設置者にあってもＮＨＫとの受信契約の締結が必要であるとする判示をしているのですが、本条１項はＮＨＫのテレビ放送を受信しない受信設備の設置者についてまでも、受信契約の締結を求めている規定としているのではなく、ＮＨＫのテレビ放送を受信しないＮＨＫのラジオ放送を受信することのできるラジオＢの設置者、及びＮＨＫのテレビ放送を受信しないＮＨＫの多重放送を受信することのできる多重受信機Ｂの設置者にあっては、受信契約の締結義務から明確に除外する規定をしているのです。

加えて、平成29年最高裁判決は、「放送法64条1項は、受信設備設置者に対し受信契約の締結を強制する旨を定めた規定であり（判決第2－1－〈2〉）……」と直接強制的な判示をしながらも、それに続いて、「……判決の確定によって受信契約が成立する（判決第2－1－〈2〉）……」といった間接強制の論理をも展開し、本条2項と3項を根拠にNHKが策定した受信規約の契約条項そのものについても、「……当事者たる原告が策定する放送受信規約によって定められることとなっている点は、問題となり得る（判決第2－1－〈1〉－ウ）。」と判示しながらも、受信規約の内容（契約の条項）そのものについては、「……合理的な範囲内のものとして、憲法上許容されるというべきである（判決第2－2－〈3〉）……」と判示しているのです。ですが、平成29年最高裁判決のこのような論理は、本条1項及び2項、3項がそれぞれ別個独立した規定であるかのように解される論理であって、本条1項及び2項、3項が規定するその制定の趣旨を真に理解した論理による判決であるとはいえないものであると考えます。

つまり、平成29年最高裁判決は、本条1項が強制する受信契約の締結義務から、NHKのテレビ放送を受信しないテレビ等B・ラジオB・多重受信機Bの設置者を除外する論理については全く論及することなく、加えて、本条1項及び2項、3項を解釈するについて、NHKが徴収・使用する受信料（個人の私有財産）が、NHKのテレビ放送を視聴し得ない当該国民のその意に反する受信料の徴収・使用であっても、「……憲法13条、21条、29条に違反するものではない（判決第２－２－〈４〉）……」と判示しているのですが、このような論理による当該判決は、本条1項及び2項、３項が連動した規定であり、かつ、本条1項が強制する受信契約の締結義務からＮＨＫのテレビ放送を受信しないテレビ等Ｂ・ラジオＢ・多重受信機Ｂの設置者を除外し、テレビ等Ａ・ラジオＡ・多重受信機Ａの設置者に限定して、直接課した直接強制の規定であり、しかも国民がテレビ等に関する選択の自由を容認した規定とし、加えて、ＮＨＫの受信規約では、テレビ等Ａ（受信規約上の受信機）の設置者に限定して適用する規定としているにもかかわらず、このようなことを真に理解したと解される論理による判決をしているものではありません。よって、当該判決を憲法29条に目線を置いて検証したとき、同条項に反する判決であることは明白であると考えます。

第５　受信契約と受信料の徴収・使用に関する論理についての検証

平成29年最高裁判決が受信契約について、「……当事者たる原告（ＮＨＫ）が策定する放送受信規約によって定められることとなっている点は、問題となり得る（判決第２－１

－〈1〉－ウ）。」と判示しながらも、「……法の目的を達成するのに必要かつ合理的な範囲内のものとして、憲法上許容されるというべきである（判決第2－2－〈3〉）。」と判示している論理について検証します。

平成29年最高裁判決は、法64条2項及び3項の規定によってNHKが策定している受信契約の基準となる受信規約（契約条項）について、「当事者たる原告（NHK）が策定する放送受信規約によって定められることとなっている点は、問題となり得る。」と判示しながらも、受信規約の内容（契約条項）そのものについては、「法の目的を達成するのに必要かつ合理的な範囲内のものとして、憲法上許容される」と判示しているのですが、法64条2項及び3項がNHKに委任した受信契約の基準となる契約条項を定めている受信規約について、当事者であるNHKが策定していることに「問題となり得る」と判示しながらも、その受信規約の策定を委任した法の目的が公益にかなうものであり、その法の目的を達成するために、当該受信規約の策定に問題があっても、当該受信規約の内容（契約条項）が合理的であれば、当該受信規約が憲法の条項に制定の根拠を有しなくとも、NHKのテレビ放送を視聴せず受信料の徴収・使用を拒否する国民から、当該受信規約を根拠として強制的にでも受信料を徴収・使用することが許されるのかといった極自然な憲法上の疑問が生じてきます。

つまり、憲法の条項に権限の根拠を有しないNHKが策定した受信規約及び憲法の条項に根拠を有しない受信規約そのものが法的拘束力を有するのか、否かといったことや、憲法上の法的有効性の有無に関する問題があるにもかかわらず、平成29年最高裁判決はこの点についての論理を全く論ずることなく、受信契約の基準となる受信規約（契約条項）をNHKが策定していることについては、「問題となり得る」と判示しながらも、受信規約の内容（契約条項）そのものについては、「法の目的を達成するのに必要かつ合理的な範囲内のものとして、憲法上許容される」として、NHKが徴収・使用する受信料が、NHKのテレビ放送を視聴し得ない国民が当該受信料の徴収・使用を拒否する場合であっても、「憲法上許容される」と判示しているのです。

ですが、憲法の条項に制定の根拠を有しないNHK及びNHKが策定している受信契約の基準となるべき受信規約が、たとえその策定権限を法によって委任され、法の目的を達成するためであるとしても、NHKのテレビ放送を視聴し得ない者にあっても任意に受信料の徴収に応じるのであれば許されるとしても、NHKのテレビ放送を視聴し得ない国民が、その意に反して法64条1項と受信規約の契約条項に基づき受信契約を締結したとしても、憲法の条項に制定の根拠を有しない受信規約の契約条項によって、受信料の徴収・使用に応じない国民から、NHKの放送を視聴し得ない当該国民のその意に反して当該受信料を強制的に徴収・使用することについては、憲法29条の問題があり、たとえ裁判による適正、適法な手続きを経たとしても、憲法29条に目線を置いて検証すれば、同条3項に抵触し、同条1項に反することは明白であると考えます。

つまり、法64条1項は、NHKのテレビ放送を受信することのできるテレビ等A・ラジオA・多重受信機Aの設置者（国民）に限って、受信契約の締結を強制した規定としているのであり、NHKのテレビ放送を受信することのない、NHKのテレビ放送を視聴し得ないテレビ等B・ラジオB・多重受信機Bの設置者（国民）についてまでも受信契約の締結を強制する規定とはしていないことからすれば、同条1項が、NHKのテレビ放送を視聴しない者から、その意に反してまでも受信料の徴収・使用を容認しているとも考えられず、同条2項及び3項が、当該受信料を徴収・使用する契約条項の策定をNHKに委任したとしても、憲法の条項に制定の権限を有しない受信規約を根拠として、憲法が保障する私有財産権の保障の枠を超えて、当該国民のその意に反してまでも受信料の徴収・使用をすることは、同条1項・2項の制定趣旨にも反することであって、加えて、利用者負担乃至は受益者負担の慣習法の原則にも反することでもあり、憲法29条3項に目線をおいて検証したとき、同条1項に反することは明白であると考えます。

第6　「契約の自由」や「利用者負担」・「受益者負担」の慣習法の論理を展開していないことについての検証

平成29年最高裁判決が契約の自由や利用者負担（利用者責任）乃至は受益者負担（受益者責任）の慣習法に関する論理を論じないで、受信契約の締結について、「……受信契約の成立には双方の意思表示の合致が必要というべきである（判決第2－1－〈1〉－イ）。」と契約の自由的な判示をしながらも、「……放送法64条1項は、受信設備設置者に対し受信契約の締結を強制する旨を定めた規定であり、原告（NHK）からの受信契約の申込みに対して受信設備設置者が承諾をしない場合には、原告（NHK）がその者に対して承諾の意思表示を命ずる判決を求め、その判決の確定によって受信契約が成立すると解するのが相当である（判決第2－1－〈2〉）。」と判示し、NHKのテレビ放送を視聴し得ない国民が受信料の徴収・使用を拒否する場合であっても、究極的にNHKが受信料を徴収・使用することについて、「……憲法13条、21条、29条に違反するものではない（判決第2－2－〈4〉）……」と判示し、契約の自由や利用者負担乃至は受益者負担の慣習法に関する理論に全く触れることなく判決を出していることについて検証します。

1

法64条1項は、受信契約の締結をしなければならない者として、テレビ等A・ラジオA・多重受信機Aの設置者に限定した規制をしており、そして、平成29年最高裁判決は、受信設備設置者がNHKと受信契約の締結をしなければならないことについては、当該受信設備設置者とNHKとの「受信契約の成立には双方の意思表示の合致が必要というべきである。」と判示しているのですが、当該判示の論理については、契約の自由が不文律となっている一般社会通念上の慣習法の原則からすれば当然の法的道理であり、また、法64条1項が当該慣習法の原則を踏襲した趣旨の規定をしていることからしても、これもまた当然の法的効力としての道理であると考えます。

ですが、平成29年最高裁判決が、NHKのテレビ放送を受信することのできるテレビ等A・ラジオA・多重受信機Aの設置者に限らず、NHKのテレビ放送を視聴し得ないNHKのテレビ放送を受信しないラジオB・多重受信機Bの設置者が受信契約を締結しない場合においても、「……受信設備設置者が承諾をしない場合には、原告（NHK）がその者に対して承諾の意思表示を命ずる判決を求め、その判決の確定によって受信契約が成立する（判決第2－1－〈2〉）……」と判示していることについては全く理解できないところです。

つまり、一般社会通念上の不文律ともなっている慣習法からすれば、契約は当事者双方の意思表示の合致によってのみ成立し、合意が得られない場合はその契約は不成立となり、契約は成立しません。この論理については当該最高裁判決自らも「……受信契約の成立には双方の意思表示の合致が必要というべきである（判決第2－1－〈1〉－イ）。」と判示しているとおりであり、それで、如何しても受信契約を締結すべきであるということであれば、それは当事者の一方が歩み寄るしか契約の締結方法はないのです。そして、このことは長い歴史の過程によって確立された一般社会の通念として全国民に共通した不文律の慣習法として定着しているのです。

そして、このことを理解して、国会が法64条1項を敢えて、「協会（NHK）の放送を受信することのできる受信設備（テレビ等A・ラジオA・多重受信機A）を設置した者は、協会とその放送の受信についての契約をしなければならない。ただし、……この限りでない。」と規定・表記したことは、NHKと受信契約の締結をしなければならないその受信設備の設置者としては、NHKのテレビ放送を受信することのできるテレビ等A・ラジオA・多重受信機Aを設置し、NHKのテレビ放送を視聴可能な者に限って、受信契約の締結を強制した規定としているものであると考えます。

つまり、法64条1項は、NHKのテレビ放送を無断視聴されることがなく、NHKのテレビ放送を視聴する受信設備の設置者から受信料を徴収・使用するために、NHKと受信契約の締結をしなければならない受信設備の設置者として、NHKのテレビ放送を受信することのできるテレビ等A・ラジオA・多重受信機Aを設置したNHKのテレビ放送を視聴可能な設置者に限って、NHKとの受信契約の締結を強制した規定としているのであり、NHKのテレビ放送を受信しないテレビ等B・ラジオB・多重受信機Bの設置者については、NHKのテレビ放送を視聴する可能性がなく、NHKのテレビ放送を侵害（無断視聴）するおそれも全くなく、法的に規制する必要がなかったことから、NHKとの受信契約の締結を必要とする規定とはしないことによって、慣習法上の契約の自由を踏襲した規定としているのであると考えます。

ですが、平成29年最高裁判決は、NHKが徴収・使用する受信料に関する受信契約に限って、契約の自由に関する慣習法の論理を用いることなく、「放送法64条1項は、受信設備設置者に対し受信契約の締結を強制する旨を定めた規定であり（判決第2－1－〈2〉）……」と判示し、NHKのテレビ放送を受信することのできるテレビ等A・ラジオA・多重受信機Aの設置者に限らず、NHKのテレビ放送を受信しないラジオB・多重受信機Bの設置者についても受信契約の締結義務があるとする判示をし、加えて、「……原告（ＮＨＫ）からの受信契約の申込みに対して受信設備設置者が承諾をしない場合には、原告（ＮＨＫ）がその者に対して承諾の意思表示を命ずる判決を求め、その判決の確定によって受信契約が成立する（判決第２－１－〈２〉）……」と判示し、裁判の判決によって、ＮＨＫがこれらの受信設備（ラジオＢ・多重受信機Ｂ）の設置者から当該国民のその意に反する受信料を徴収・使用することについても「……憲法13条、21条、29条に違反するものではない（判決第２－２－〈４〉）……」と判示しているのです。

ですが、ＮＨＫのテレビ放送を視聴しない国民の立場からすれば、たとえ適正、適法な裁判の手続きによって徴収・使用される受信料であっても、その意に反する受信契約によって、その意に反して徴収・使用される受信料であれば、如何に適正、適法な裁判の手続きによって徴収・使用される受信料であっても、それは憲法29条に反している、と主張してもそれは憲法上の当然の権利であると考えます。

2

テレビ等製造業者の人為的な不作為によってテレビ等Ｂが製造されず、国民がテレビ等Ｂを選択・設置できない現状の中で、当該国民がテレビ等Ａを設置した場合において、平成29年最高裁判決が判示するように、受信契約を締結しない国民を対象として受信契約の意思表示を求める裁判は可能であるにしても、NHKのテレビ放送を視聴し得ない国民を裁判所に招致し、当該裁判によって契約を成立させ、その判決の結果、当該国民のその意に反する受信料をNHKが強制的に徴収・使用することについては、たとえNHKそのものが公共の福祉のために必要であり、NHKの放送事業が公益にかなうものであっても、憲法29条が保障する正当な補償をすることなく、国民個人の私有財産を使用することは、公共のために私有財産を使用することであって憲法29条に反することは明白であると考えます。

また、平成29年最高裁判決は、法64条1項が規定する放送受信契約の締結義務について、単なる訓示規定ではなく、強制の義務規定であるとも判示していますが、当該受信契約が強制の義務規定であるとする判示については理解できますが、そのことを判示した後に当該受信契約を拒否する国民に対し、「……原告（NHK）がその者に対して承諾の意思表示を命ずる判決を求め、その判決の確定によって受信契約が成立すると解するのが相当である（判決第2―1―〈2〉）。」と判示する間接強制の論理については、全く理解できないところです。

つまり、法64条1項が規定するその受信契約の締結義務の趣旨は、平成29年最高裁判決が判示するような間接強制の論理ではなく、テレビ等Aを設置した者に同条1項が課した直接強制の規定であり、そして、そのことは同条1項が「協会の放送を受信することのできる受信設備（テレビ等A・ラジオA・多重受信機A）を設置した者は、協会とその放送の受信についての契約をしなければならない。ただし……この限りでない。」と表記している規定の文面から検証しても明白であると考えます。

さらに、NHKが策定している受信規約の根拠が法64条2項及び3項にあるとはいえ、NHK及び受信規約は、憲法の条項に制定の根拠を有しているものではなく、憲法の条項に根拠を有していないNHK及び受信規約に、国民が法的に拘束されるのか、といった憲法上の法的拘束力の問題があるにもかかわらず、平成29年最高裁判決は、NHKが策定している受信規約そのものに関する憲法上の法的拘束力の有無に関する論理を論ずることなく、受信規約の内容（契約条項）そのものについては、「法の目的を達成するのに必要かつ合理的な範囲内のものとして、憲法上許容される」としてNHKのテレビ放送を視聴し得ないテレビ等Bを設置した国民が受信料の徴収に応じない場合にあっても、NHKが受信料を強制的にでも徴収・使用することについては、「憲法13条、21条、29条に違反するものではない。」と判示しているのです。

平成29年最高裁判決のこのような論理の構成は、憲法の条項に制定の根拠を有しないN

HKが策定した受信規約の内容（契約条項）そのものについては「必要かつ合理的な範囲内のものとして、憲法上許容される」と判示し、受信規約そのものにも憲法上の法的強制力があり、国民に対する法的拘束力を有するとするかのような論理を展開しているのですが、憲法の条項に制定の根拠を有しない一企業体であるNHKが策定した受信規約にまで国民が法的に拘束されるとすれば、それは立憲国家の根底をも覆すものであって如何にその目的が公共の福祉のために有意義であり、かつ公益にかなうものであるとする論理であっても、憲法の条項に制定の根拠を有しない一企業体であるNHKが策定した受信規約は、その策定した規定の名目の如何を問わず、それは立憲国家としては絶対に許されるものではないと考えます。

よって、平成29年最高裁判決の前記のような論理による判決は、憲法の条項に制定の根拠を有しないNHK及びそのNHKが策定した受信規約が、憲法上の法的拘束力を有するとするかのような判決であって、当該判決が1億2600万国民を拘束し、1億2000万の国民が容認しても、それは憲法理論上においては到底容認できるものではなく、NHKのテレビ放送を無断で視聴している無断視聴者を除く2400万の国民については全く理解できない判決の論理であると考えます。

第7　ＮＨＫの運営資金に税金や営利の収益金を充当しないとすることについての検証

平成29年最高裁判決が、ＮＨＫは、「……営利を目的として業務を行うこと及び他人の営業に関する広告の放送をすることを禁止し（判決第2－1－〈1〉－ア）……」と判示し、「……上記の財源についての仕組みは、特定の個人、団体又は国家機関等から財政面での支配や影響が原告に及ぶことのないようにし（判決第2－1－〈1〉－ア）、……」と判示し、営利の収益金や、税金を充当しないのは国家機関等の第三者からの支配や影響が及ばないようにするためである、とする論理によって、ＮＨＫのテレビ放送を視聴しない国民からでもＮＨＫが受信料を強制的に徴収・使用することについても「……憲法13条、21条、29条に違反するものではない（判決第2－2－〈4〉）……」と判示している論理について検証します。

平成29年最高裁判決の前記のような判示の論理は、行政機関である法務大臣の意見論述をそのまま全面的に引用したものであり、行政機関がＮＨＫの運営資金を受信料といった形で確保することについて如何に違憲論を回避できるような論理とするか、とした意見論述の論理をそのままその判決に引用した論理であって、ＮＨＫが従来採用していた聴取料金の徴収方法をそのまま論理的、踏襲的に引用した論理でもあり、また、営利目的の業務や広告放送が禁止されている、としている論理については公共放送の立場から当然の道理であるにしても、ＮＨＫの運営資金として税金を充当しないとする論理については、ＮＨＫの運営資金を確保することについて、ＮＨＫのテレビ放送を視聴しない者からでもＮＨＫが徴収・使用している受信料（個人の私有財産）が憲法に反しない正当な運営資金であるとする行政機関の意見論述をそのままその判決に引用した論理であって、このような行政機関の意見論述を丸呑みにしたような論理についても国民の一人として、到底理解できるものではありません。

行政機関に意見など求めず、司法機関の頂点に立つ最高裁自らの見解による論理として判決を出したのであればまだ理解できなくもないところですが、営利目的の収益を禁止し、税金を充当せず、その代替措置として国民個人の私有財産であるお金を、ＮＨＫのテレビ放送を視聴しない国民からでも受信料の名目でＮＨＫに直接・強制的にでも徴収・使用させることが、恰も憲法の条項に反しない正論であるかのような行政機関の意見論述をそのままその判決に引用していることについては、全く理解できるものではなく、憲法29条が明記している私有財産権の侵害禁止条項を如何に論理的に回避するかとするための行政機関の単なる言い訳論をそのままその判決に引用した論理であって、このような論理ではＮ

HKの運営資金として税金を充当しないとする理由にはならないものであると考えます。

そもそも憲法29条が個人の私有財産権の不可侵権を保障しているのは、憲法30条によって国民に納税の義務を負わせているが故にであって、また、その逆に憲法30条によって国民に納税の義務を負わせているが故に、憲法29条においては国民個人の私有財産権の不可侵権を保障しているのであると考えます。

よって、国家的事業によってその**財源（お金）**が必要であるとするのであれば、それは憲法84条（法律の条件による税の賦課）の規定によって**税を賦課**することによって、その事業の財源に充当すべきである、とすることが、憲法そのものの基本理念であるとともに、国家機関等から影響を受けないためにNHKの運営資金として**税金**を投入しない、とする論理は憲法の理念からすれば当を得ない論理であると考えます。

また、NHKの運営資金を確保するための理由として、国家機関等や特定の個人、団体等から影響を受けないために、NHKのテレビ放送を視聴しない国民から、受信料の徴収に応じない当該国民のその意に反する受信料を徴収・使用せず、法律によって税金を投入しても国家機関等から影響を受けないとする方法はいくらでもあるかと考えます。

例えば、税金を充当するのであれば、国家予算に対する○%とした固定した割合にするとか、所得税・法人税の○%とした固定した割合にするとか、受信料支払い容認者の受信料と税金の充当を併用した方法を採用するとか、テレビ等1台当たり○円の税を課す等の方法とか、また、極言すれば、現在の受信料をそのまま税金として賦課・徴収する方法もあり、そのことに加えて、NHKに口を出せば処罰する等の罰則規定を設ける等の方法もあります。そして、税を賦課することについては、その目的の如何を問わず、その上限についても憲法上においては制限を設けていないのです。

しかし、如何に報道の自由を確保するためや、国民の知る権利を確保する等の理由があるとしても、国民統制の利かない報道の自由等という論理は、憲法理論上はあり得ないことであり、それが民主主義を基本理念とする憲法の理念でもあって、それが国権の最高機関である国会の統治下にあることは憲法上の当然の道理であると考えます。現実にNHKは、国会の統治下にあり、その予算や放送事業の運営についての国会報告がなされていることも事実であり、国権の最高機関である国会の統治下にない独立した組織や機関の存在こそが憲法理論上考えられないことであると考えます。

報道の自由や国民の知る権利を確保するために、国家機関等から影響を受けないように税金を投入しないとし、そうであるからNHKのテレビ放送を視聴せず受信料の徴収に応じない国民から当該国民のその意に反する受信料をNHKが直接・強制的にでも徴収・使用するという論理については、NHKのテレビ放送を視聴しない者の立場からすれば、**税**

金を賦課する論理と全く同じ論理であって憲法29条に目線を置いて検証すれば全く理解できないところです。

ですが、ＮＨＫの運営資金を確保するためとして、受信設備の設置者に限定して税を賦課することによって、その運営資金を確保するとするのであれば、現在ＮＨＫのテレビ放送を無断で視聴している無断視聴者の防止を図ることもでき、また、税として賦課するのであれば強制徴収しても憲法上の問題が生じることも全くなく、さらには、より広く公平にその負担金を負担させることにもなるのであって、より法の制定趣旨乃至その目的にかなうものでもあると考えます。

加えて、税として賦課するのであれば、ＮＨＫの放送を受信する、しないを問わず、受信設備の設置者に対して、電波利用税乃至電波使用税等の名目の如何を問わず、その賦課する税の名目についても制限はないかと考えます。よって、平成29年最高裁判決が、「税を投入しない」とする判示については、当を得ない論理であって、全く理解できるものではありません。

平成29年最高裁判決の前記のような論理は、行政機関である法務大臣の意見論述の受け売りでもあって、当該論理によれば、放送法上、国会や会計検査院の統治下にあっても、現在のＮＨＫの受信料の徴収・使用の制度であれば、財政的には直接ＮＨＫを管理する国家機関等は不要であるとの論理でもあり、ＮＨＫ若しくはＮＨＫ職員に不合理が生じた場合、その不合理に対し、国家機関等が財政面で追及し、その不合理を是正するために財政面において増加減の調整をすることも不要であるとする論理も成り立つのであって、このような論理が納得できるものではありません。

加えて、現実に法64条3項が、ＮＨＫが策定している受信規約の改変については総務大臣の認可が必要であるとしていることからすれば、少なくとも総務大臣の影響を受けることは必然の法的措置であり、行政機関である法務大臣の意見論述の受け売りである当該判決の前記の論理は全く当を得ない論理であると考えます。

また、生活必需品であるテレビ等を、国民が選択・設置するに際し、テレビ等製造業者の人為的な不作為によってＮＨＫのテレビ放送を受信しないテレビ等Ｂが製造されず、そのテレビ等Ｂに関する選択の自由がない現状において、1億２６００万の全国民がテレビ等Ａを設置している現状からすれば、ＮＨＫの財源を確保するためにＮＨＫのテレビ放送を視聴し得ない国民から、当該国民のその意に反してでも受信料を徴収・使用することを容認している平成29年最高裁判決の論理は、一般社会通念として定着している利用者負担乃至は受益者負担が不文律ともなっている慣習法の原則や、法64条1項・2項の制定趣旨が契約の自由や利用者負担乃至受益者負担の慣習法の原則を踏襲した規定としていることに目線を置いて検証したとき、当該判決の論理については全く理解できるものではありません。

第８　平成29年最高裁判決が判示する矛盾に関する検証

平成29年最高裁判決は、当該判決を出すに当たり、その判決において、法64条1項が規定する「受信設備」について、「原告（ＮＨＫ）の放送を受信することのできる受信設備（以下、単に「受信設備」ということがある。）（判決第1－1）」と判示し、さらに、「受信設備設置者」についても、「原告（ＮＨＫ）の放送を受信することのできる受信設備を設置した者（以下「受信設備設置者」という。）（判決第1－2－〈1〉－エ）」と判示し、同条1項が規制する受信設備を解釈するについて、同条1項がＮＨＫのテレビ放送を受信することのできるテレビ等Ａ・ラジオＡ・多重受信機Ａの受信設備の設置者に限って、受信契約の締結の強制をしている規定としているのに対して、当該判決は、これらの受信設備の設置者に限らず、「放送法64条1項は、受信設備設置者に対し受信契約の締結を強制する旨を定めた規定であり（判決第2－1－〈2〉）……」と、ＮＨＫのテレビ放送を受信しないＮＨＫのラジオ放送**のみ**及びＮＨＫの多重放送**のみ**を受信する、ラジオＢ・多重受信機Ｂの設置者であっても受信契約の締結義務があると判示し、さらに、「……現実に原告（ＮＨＫ）の放送を受信するか否かを問わず、受信設備を設置することにより原告の放送を受信することのできる環境にある者に広く公平に負担を求めることによって、原告が上記の者（受信設備設置者）ら全体により支えられる事業体であるべきことを示すものにほかならない（判決第２－１－〈１〉－ア）。」と判示する等、同条１項が規制する「受信設備を設置した者」に関する解釈をするについて明らかにその判示の論理に論述不足の論理や矛盾した論理がありますのでこの点について検証します。

平成29年最高裁判決が判示する「受信設備」乃至「受信設備設置者」に関して、論述不足があることについては前述のとおり、ＮＨＫのテレビ放送を受信しないラジオＢや多重受信機Ｂの設置者であっても受信契約の締結義務を有する、としている判示が該当しますが、加えて、当該判決の第２－１－（１）－アにおいて「現実に原告（ＮＨＫ）の放送を受信するか否かを問わず、受信設備を設置することにより原告の放送を受信することのできる環境にある者に広く公平に負担を求めることによって、原告が上記の者（受信設備設置者）ら全体により支えられる事業体である」とする判示についても、その判示する論理についてては明らかに矛盾があります。

平成29年最高裁判決の前記の判示の論理は、ＮＨＫの財源を確保することは受信設備設置者ら全体の広く公平な受信料の負担によって支えられているとしながらも、受信設備設置者が設置する受信設備については、NHKの放送を受信しても、しなくても、NHKの放送を受信できる環境にある者であるから、その受信設備設置者らに受信料を広く公平に負担を求めるものである、と解される論理ですが、法64条1項は、「**協会**（NHK）の放送を受信することのできる**受信設備**（テレビ等A・ラジオA・多重受信機A）を設置した者は、協会とその放送の受信についての契約をしなければならない。ただし、……この限りでない。」と規定し、NHKのテレビ放送を受信しない受信設備（テレビ等B・ラジオB・多重受信機B）の設置者にまで受信契約の締結を求めているものではなく、また、同条2項は、NHKの放送を受信しないテレビ等B・ラジオB・多重受信機Bの設置者にまでも受信料の負担を求めている規定としているものではなく、同条2項が受信料の徴収・使用を求めているのは、同条1項の規定によってNHKのテレビ放送を受信することのできるテレビ等A・ラジオA・多重受信機Aの設置者が受信契約の締結をしたときだけであって、受信契約を締結していない受信設備の設置者にまでも、受信料の負担を求めている規定としているものでもありません。加えて、NHKが策定している受信規約においては、テレビ等A（受信規約上の受信機）の設置者に限り適用される契約条項としていることからすれば、実質的にはテレビ等Aの設置者**のみ**が受信料の負担をすることになります。

ですが、平成29年最高裁判決は、「……原告（NHK）の放送を受信するか否かを問わず」と判示し、続いて、「受信設備を設置することにより原告の放送を受信することのできる環境にある者に広く公平に負担を求めることによって、」と判示し、NHKのテレビ放送を受信し得ないテレビ等Bの設置者であっても、受信料の負担を求めるとする論理を展開しているのですが、当該判示の論理には、明らかに矛盾があります。

つまり、平成29年最高裁判決が判示する「原告（NHK）の放送を受信するか否かを問わず、受信設備を設置することにより原告（NHK）の放送を受信することのできる環境にある者に広く公平に負担を求めることによって」とする論理は、NHKのテレビ放送を受信し得ない環境にあるテレビ等Bの設置者（国民）であっても、NHKの放送を受信することのできる環境にある者であるとして、NHKのテレビ放送を受信することのないテレビ等Bの設置者にあっても、「受信料を広く公平に負担を求める」とする論理であって、当該判示に矛盾があることは明白です。

テレビ等の設置者に限って検証すれば、そもそも法64条1項が受信契約の締結を強制しているのは、NHKのテレビ放送を受信することのできるテレビ等Aの設置者のみであり、NHKの放送を受信し得ないテレビ等Bの設置者については、受信契約の締結を求めているものでもなく、また、テレビ等BはNHKの放送を受信することのできる環境にもなり得ないのであって、テレビ等Bの設置者はNHKの放送を受信することのできる環境にある者にはなり得ない、のですから、当該判示の論理には明らかに矛盾があります。加えて、NHKのテレビ放送を受信しないラジオB・多重受信機Bの設置者については、同条1項が規制する受信契約の締結を必要とする受信設備の設置者から明確に除外した規定としていることからすれば、平成29年最高裁判決の当該判示の論理については明らかに矛盾があるということになります。

それで、前記の当該判示を「……、現実に原告（NHK）の放送を視聴するしないを問わず、……」と、受信とした論述を視聴と修正すれば、まだ理解できます。ですが、「……現実に原告（NHK）の放送を受信するか否かを問わず、……」とした論理であれば、法64条1項が表記する文面から検証すれば全く理解できるものではありません。

よって、平成29年最高裁判決の当該判決を踏まえて、これまでに検証した論理を主張しながら上告したのですが、上告が棄却されたことについては既に記述しているとおりです。ですが、今後最高裁裁判官の交代を待って、平成29年最高裁判決を修正して頂き、一般社会通念上において慣習法ともなっている契約の自由や利用者負担乃至は受益者負担の原則と受信料の関係や、加えて憲法の条項に制定の根拠を有していないNHKが策定している受信規約の憲法上の法的有効性や国民に対する法的拘束力の有無についても1億2600万国民の立場から論及して頂きたいものであると考えます。

第四章　検証を終えて

以上ＮＨＫが徴収・使用する受信料及びＮＨＫが策定している受信規約とともに、平成29年最高裁判決について多角的な目線から同じ論理を繰り返し検証しましたが、皆様方の見解は如何でしょうか。

特に平成29年最高裁判決については、憲法上においても最終判断ということになり、国民に対する影響力が大きく、判決に過ちがあっても修正する機関がなく、また、マスコミ等においても最高裁の判決に過ちがあってもその過ちを取り上げること自体をタブー視しているだけに看過することができません。

それで、平成29年最高裁判決を閲読、検証した結果、当該判決が憲法の理念に沿った、憲法の理念に基づく判決であったのか、といったところに目線を置いて検証したとき、最高裁自身がＮＨＫのテレビ放送を愛好するが故に、ＮＨＫを1億２６００万国民の上に置き、ＮＨＫの運営資金を確保するための行政機関である法務大臣の意見論述の大部分をそのままその判決に引用したＮＨＫを救済するがための**救済判決**であったとの見解に至りました。

繰り返すことになりますが、ＮＨＫが徴収・使用する受信料（個人の私有財産）について、ＮＨＫのテレビ放送を視聴せず、当該国民のその意に反する受信料を徴収・使用すること及び当該受信料を徴収可能とする受信規約を、憲法29条に目線を置いて検証したとき、ＮＨＫのテレビ放送を視聴しない国民から、当該国民が受信契約を締結したとしても、ＮＨＫのテレビ放送を視聴しない当該国民のその意に反してＮＨＫが徴収・使用する当該受信料及び当該受信料の徴収・使用を可能とするＮＨＫが策定している受信規約は、同条３項に抵触し、同条1項に反することは明白であると考えます。

よって、ＮＨＫと受信契約を締結し、ＮＨＫのテレビ放送を視聴しない国民から、当該国民のその意に反してＮＨＫが徴収・使用する受信料及び受信規約並びに平成29年最高裁判決が、憲法29条３項に抵触し、同条1項に反することは明白であると考えます。

そして、第三章で検証しているように平成29年最高裁判決には、多くの疑問点があり何としても理解できないことから、本書の論理を踏まえ、平成31年2月15日上告したのですが、最高裁第二小法廷に受理されたものの令和元年6月14日同法廷の決定によって、上告が棄却されました。棄却された理由は民事訴訟法３１２条1項及び２項、同法３１８条1項の事由に該当しないというものでありましたが、その棄却された詳しい理由については示されていなかったため、私の訴訟目的が、受信料の請求差止めと受信規約に対する違憲・無効の請求であったことから、請求そのものが当該事由に該当しなかったのか、本書で論じている論理そのものが上告理由に該当しなかったのか判然としないところです。

それで、今となっては棄却された理由については検証の方法がないのですが、私の上告を棄却した最高裁第二小法廷の裁判官4名中に、平成29年最高裁判決の裁判官二名（山本庸幸裁判官と菅野博之裁判官）が名を連ねていたこともあり、平成29年最高裁判決が大きく影響していたことは確かであると考えます。

よって、今後NHKが受信料の請求について私を提訴するか否か判然としないところですが、NHKが提訴することを待って本書の論理を再度主張したく考えているところです。

ご精読ありがとうございました。

なお、テレビ等を設置した者がNHKと受信契約を締結しないことについては、放送法違反とはなりますが罰則規定はありません。

また、受信契約を締結し、NHKのテレビ放送を視聴せず、受信料の徴収に応じないことは、単なる受信契約の不履行であって放送法違反とはなりませんが、受信料の未納・滞納等でNHKが告訴すれば、平成29年最高裁判決が出ていることもあり、利用者負担乃至は受益者負担の慣習法の原則の論理が採用されない限り、NHKが敗訴することはないのではないかと考えます。

よって、受信契約を締結し、ＮＨＫのテレビ放送を視聴しながらも、受信料の徴収・使用に応じないことは放送法違反とはなりませんが、無断視聴となり利用者負担乃至は受益者負担の慣習法から検証すれば、法的には単なる契約不履行ですが、利用者負担乃至は受益者負担の慣習法の原則に反しますので人道的、道義的には如何なものであるかと考えます。

以上

参考（関係裁判所及び裁判官）

※平成29年12月6日判決の最高裁大法廷裁判官
裁判長：寺田逸郎裁判官、岡部喜代子裁判官、小貫芳信裁判官、鬼丸かおる裁判官、木内道祥裁判官、山本庸幸裁判官、山崎敏充裁判官、池上政幸裁判官、大谷直人裁判官、小池裕裁判官、木澤克之裁判官、菅野博之裁判官、山口厚裁判官、戸倉三郎裁判官、林景一裁判官

※平成30年5月15日判決の大阪地裁堺支部裁判官
裁判長：橋本眞一裁判官、田辺暁志裁判官、稲井雄介裁判官

※平成30年12月20日判決の大阪高裁裁判官
裁判長：池田光宏裁判官、長谷部幸弥裁判官、横田典子裁判官

※令和元年6月14日決定の最高裁第二小法廷の裁判官
裁判長：草野耕一裁判官、山本庸幸裁判官、菅野博之裁判官、三浦守裁判官

追　記

ＮＨＫから国民を守る党が参議院議員に当選し、ＮＨＫ放送のスクランブル化を主張し、ＮＨＫのテレビ放送を視聴する国民だけが受信料を支払うシステムについて言及していますが、放送のスクランブル化はＮＨＫが拒否し、また、莫大な費用も予想されます。

ですが、受信規約を変更することは総務大臣の意思如何によっては如何様にもなり、費用は殆ど必要ないと考えますので、受信規約の変更を求めては如何かと考えます。スクランブル化を主張するよりは、受信規約の変更を求める方がより簡潔ではないかと考えますが、如何でしょうか。

令和元年９月

熊本市南区在住

峰　荘　太　郎

峰　荘太郎（みね　そうたろう）

1949年６月生まれ、熊本県出身。1970年４月大阪府警察官を拝命、2004年３月同府警察警視に昇任、2010年３月同府警察勇退。警察では主に生活安全部門において、覚せい剤事件や賭博遊技機事件、著作権法違反事件等の特別法犯罪の事件捜査を担当し、この種の犯罪を数多く摘発した。

2010年４月病院を運営する医療法人へ入職し、主にクレーム、トラブル事案の処理、解決に従事した。クレームやトラブルは多種多様であったが、結果として、医療費の踏み倒しや、医療行為のミスに伴う金銭の不当要求であり、これらの全てを法的、道義的に解決し、遺恨を遺さないようにした。具体的には、元暴力団組員が十数年に亘り900万円超の医療費を踏み倒していた件や、他人名義の健康保険証を悪用した270万円を超える医療費の不正受給をした件を全面解決した。このような現状において、本著書で記しているNHKの受信料の件についても、NHK職員より、受信料増額の契約要求があった時点において、金銭を要求する不当要求事案の一つとして対処した。警察勤務当時多少の法的知識はあったが道理、道義に反する不当な要求行為は、断固許さないとの信念に基づき、改めて憲法や放送法、判決、NHK受信規約について研究し、NHKが矛先を収めなかったことから本件訴訟に及んだものである。

なお、著者名の峰荘太郎についてはペンネームを使用している。

検証　NHK受信料を斬る
憲法29条VS受信料&最高裁判決

2020年3月16日　初版第1刷発行

著　　者　峰荘太郎
発 行 者　中田典昭
発 行 所　東京図書出版
発行発売　株式会社 リフレ出版
〒113-0021　東京都文京区本駒込 3-10-4
電話 (03)3823-9171　FAX 0120-41-8080
印　　刷　株式会社 ブレイン

ISBN978-4-86641-310-5 C0095
Printed in Japan 2020

ご意見、ご感想をお寄せ下さい。

［宛先］〒113-0021　東京都文京区本駒込 3-10-4
東京図書出版